GERIT QUEALY

BOTANICAL

莎士比亚
植物诗

SHAKESPEARE

SUMIÉ HASEGAWA-COLLINS

［美］
格瑞特·奎利
—
著

［美］
长谷川纯枝－柯林斯
—
绘

尚晓蕾
—
译

余天一
—
审校

中信出版集团 | 北京

图书在版编目（CIP）数据

莎士比亚植物诗／（美）格瑞特·奎利著；（美）长
谷川纯枝-柯林斯绘；尚晓蕾译. -- 北京：中信出版社，
2022.1（2023.12重印）
书名原文：Botanical Shakespeare
ISBN 978-7-5217-2464-6

Ⅰ.①莎… Ⅱ.①格… ②长… ③尚… Ⅲ.①植物—
图集 Ⅳ.①Q94-64

中国版本图书馆CIP数据核字(2020)第 233019 号

莎士比亚植物诗

著　　者：[美]格瑞特·奎利
绘　　者：[美]长谷川纯枝-柯林斯
译　　者：尚晓蕾
出版发行：中信出版集团股份有限公司
　　　　　（北京市朝阳区东三环北路27号嘉铭中心　邮编　100020）
承 印 者：北京启航东方印刷有限公司

开　　本：720mm×970mm　1/16　　印　　张：13　　字　　数：90千字
版　　次：2022 年 1 月第 1 版　　印　　次：2023年12月第3次印刷
京权图字：01-2019-6135
书　　号：ISBN 978-7-5217-2464-6
定　　价：148.00 元

花束灵感来源:《亨利五世》第五幕，第二场，勃艮第台词

本书部分莎士比亚作品引文参考朱生豪、彭镜禧、方平译本

献给艾莉森·凯尔·利奥波德，感谢她持续不断的辅导和友谊（以及积极投入园艺写作的领域），也献给埃罗伊斯·瓦特，感谢她创立了"莎士比亚训练营"——一座诗歌韵文的健身房，一个所有莎迷共同拥有的游乐场。

——格瑞特·奎利

献给西蒙、布拉德、莎朗、亚当和弗莱德，感谢他们的帮助和支持。

——长谷川纯枝-柯林斯

即使是这样的话，那种改进天然的人力，

正也是天然而生，

因此，你说的加于天然之上的人力，

其实也是天然的产物。

你瞧，好姑娘，我们常把

良种的嫩枝嫁接在野生的树木上，

低贱的树干也会孕育出良种新芽。

这是一种改良天然的艺术，

或者说改变天然，

但那种艺术本身正是出于天然。

——《冬天的故事》第四幕，第四场

花束灵感来源：《爱的徒劳》第五幕，第二场，《春之歌》

琉璃繁缕

# 目录

———————

花束灵感来源:《仲夏夜之梦》第二幕,第一场,奥布朗台词

# 序言

———◆———

### 海伦·米伦

　　这本优雅的集册将莎士比亚剧作中关于植物的台词，以及被提到的植物完美地整合在了一起。它也将我对莎士比亚和园艺的热爱美妙地糅合起来。看到每一种植物的样子（你也可以称之为面貌）是那么令人陶醉，同时也很有助益，特别是能够看到一些非常难识别的植物。

　　我对园艺的热衷始于我在斯特拉福德皇家莎士比亚剧院工作的那个时期，在那里，创作热情的饱满与植物世界的繁茂有着异曲同工之妙。我逐渐爱上了乡间——风景的金黄与翠绿，随四季发生的颜色与质感变化，湿润泥土的味道与野花扑鼻的芳香。

　　在这番体验中，每一个环节都让人兴奋不已：亲自动手，从头开始，寻找生长的真正快乐。"快乐的灵魂在于劳作的过程"，莎士比亚笔下的克瑞西达这样说过，确实如此。

　　自然成了我的一种热爱和滋养，所以想办法与它亲近是我生活的重中之重（我在立陶宛拍摄《伊丽莎白一世》时，甚至在我的房车外面开辟了一片花圃）。它满足了我对所谓的"独处"的渴望。

　　这本雅致的书收集了莎士比亚关于植物的台词，并附上了这些植物的精美插画，这是多么令人愉悦啊。你可以独自坐下，通过阅读获得对每株植物的直观感受。你几乎能够闻到或者触碰到每一种植物。或许它会让你真的想去尝试——去感受玫瑰锋利的刺或者牛蒡毛茸茸的花冠，我希望如此。我非常高兴自己在花园里种的橄榄在莎翁的六部剧作中出现过，它还出现在一首十四行诗中（第一百零七首）："和平在宣告橄榄枝永久葱茏。"

花束灵感来源:《哈姆雷特》第四幕,第五场,奥菲利娅台词

# 导论

◆━━◆◆◆━━◆

他会为你种出任何一种花，

仿佛它们本就生长在当地。

身为一名嗅觉灵敏的调香师，

他会给你最完美而自然的香气。

　　——乔治·查普曼，《盖尔斯·古斯卡普爵士》


　　律师们声称莎士比亚曾经当过律师，医生们认为他学过医，演员们认为他做过戏剧演员，士兵、水手和天文学家都声称莎士比亚与自己志趣相投，所以，见多识广的园艺师们会因为莎翁在作品中提到了大量植物而将他视为一名园艺大师，也不足为奇。

　　剧作家本·琼森，某种程度上算是莎士比亚的拥趸，他说莎士比亚"并不属于某一个时期，而是属于所有时代"。他或许还应该再加上一句："也属于所有行业。"琼森在1623年做出的这番预言千真万确——莎翁不朽的作品及文采或许比历史上任何一位作家的都更受欢迎，也更为读者所钻研。

　　正如莎士比亚的词句曾孕育了一片文学沃土，它们自身也同样滋养着土地，并收获了满目花草。专业的园艺学家、园艺爱好者以及爱好自然的人们都迷恋着莎士比亚在剧作和诗作中广泛提及的多种多样的花卉、果实、谷物、牧草、种子、野草、植株、药草、香料以及蔬菜——具体提及的植物大约有175种，而像栽种、修剪、培育、嫁接、除草、播种的方法，以及相关的民间传说和颂词等等，一般述及和论及得就更多了：

　　……树木能说话，奔腾的溪水像书本，

　　石头蕴含道理，万物都有其益处。

就连植物邪恶的、具有威胁性的一面（危险的毒药、令人痛苦的荨麻和尖刺，甚至勃南森林的危险趋近），在莎士比亚的笔下都令人迷醉。

> 除非勃南森林向邓西嫩移动，
> 我对死亡和毒害都没有半分惊恐。

莎翁作品中穿插着各种对于植物的随意提及。上述引文中的"毒害"（bane）一词构成了诗句简洁的尾韵，但毫无疑问也是欧乌头（Wolfsbane）或者天仙子（Henbane）名称的缩写，这两种剧毒的药草出现在《麦克白》的黑暗世界中再合适不过了。

## 关于伊丽莎白还需要提一下……

或许，这种丰沃环境的诞生，功劳最大的就是女王伊丽莎白一世。她于1558年继位，标志着她父亲亨利八世与罗马教廷的决裂在王国内引发的长久动荡开始趋向缓和。亨利八世之后，先是爱德华六世，接着是他信奉天主教的姐姐、著名的"血腥玛丽"继承王位，把国家带入了宗教狂热的极致。那些年中，决裂事件造成的影响始终在社会底层震荡。伊丽莎白受过良好的教育，爱好和平，喜欢享受乐趣，她尽可能地平复着这种动荡。她给英格兰播下了热爱学习的种子：融合了经典作品的诗歌风行一时，还出现了新的娱乐形式——戏剧。出版业进入了超速运转阶段，首先是对于欧洲大众读物的译介，其中就包括园艺书籍，随后就是英国本土百家争鸣的蓬勃创作。这就是那个时代被称为"近代早期"的原因，当今英国社会实际上就是从那个时期的社会发展而来的。总而言之，她创建了一种文化，让调研、发现、实验和创意蓬勃发展，就像是一座随时可以培养出文艺复兴的花园。

## 植物学的诞生

莎士比亚与植物的关系体现在他对于植物学的广泛兴趣以及言语中对植物的频繁提及上。这一点，再加上他无与伦比的修辞术、哲学性的思考，催生了文学作品中一些让人印象深刻的句子。值得注意的是，在当时，关于植物学或者草药的一些早期书籍都是用拉丁文和希腊文写就的，所以，展示你花园中的植物也是显示你智慧的一种方式。随着伊丽莎白女王统治的深入，对于更多植物学知识与技巧的渴求稳步上升，语言通俗的园艺书籍进入市场，数量不断增加：威廉·特纳，公认的英国植物学之父，因其著作《新植物志》而名噪一时；托马斯·希尔1563年出版了《有益的园艺》；休·普拉特出版了《花艺天堂》（这本书是用英文写的，但使用了拉丁文书名抬高身价）；植物学家亨利·莱特1578年出版了《本草新说》；托马斯·图瑟在1557年出版了《农业全书百科》，在1573年将之扩充为惊人的《农业全书五百科》——所有这些都是畅销书。四开本的《树木栽种培育技艺论文集》因为太受欢迎而加印了五次。这种"绿色渴望",连同它必将带来的地位、美丽、秩序和魔力,一时风头无两。

瑞典植物学家康拉德·格斯纳的著作,被16世纪的医生乔治·贝克翻译为《新健康习惯》介绍到英国。贝克也为一本1597年出版的书撰写了前言,该书被认为是莎士比亚渊博的植物学知识的主要来源,它就是约翰·杰拉德的《植物志》。

《植物志》几十年来都无人超越,即使是药剂师约翰·帕金森详尽的《植物学大全》于1640年面世,也并没有完全取代前者的地位。天然的魅力、充沛的信息量、丰富的个人实践,以及对于诗歌的引用贯穿了杰拉德的《植物志》全书,让它既是怡人的"伙伴",又是权威的信息来源。它也是本书重要的参考文献。贝克在他所写的前言中简明扼要地表达了对这本巨著的赞叹:

> 这本书的作者不辞劳苦,花费大量金钱,远近奔波以提高自身能力的精神,是超乎寻常的……他不仅购买植物,还运用精湛的知识把它们栽种在自己的花园里……所以你可以在那里看到所有种类的奇异树木、药草、根茎、植株、花卉以及其他类似的珍稀物种。这甚至会让人疑惑,要是钱包里没有那么多钱,怎么才能够取得同样的成就。凭良心讲,就植物学知识而言,我认为他不逊色于任何人……

对莎士比亚来说,这是非常理想的资料来源,实际上也有直接证据证明此事。一位研究人员在《爱的徒劳》的《春之歌》(又名《布谷鸟之歌》)中,发现了一些有趣的反常字句:

> ……美人衫[1](Ladie-smockes)纯然的银白,
> 花蕾(Cuckow-buds)娇黄的一片……

多年来,学者们都假设,莎士比亚作品中的很多植物,特别是花卉的名字,一定都是他的出生地华威郡植物的俗称(后来被证实不是这样的)或者他自己的发明创造,但是这位研究者指出了这首诗中的错误:"草甸碎米荠是淡紫色的,不是银白色的",而"它的花蕾也不是黄色的!"他在杰拉德的《植物志》中寻找线索时发现,书的第二卷第十八章写道,"俗称的野豆瓣菜或布谷鸟花"有六个不同的种类,"除了一种之外,都被称作美人衫。对于其中第五种的形容如下:奶白色美人衫的茎直接从根部生长出来……花朵开放在顶部,花瓣呈现出一种偏黄的颜色。"杰拉德还描述了这种花的生长地点以及花期:"这种布谷鸟花,在水中生长的不如在潮湿的草地中多……花期大部分集中在四月和五月,当布谷鸟开始流畅地唱出美妙歌曲时。"他随后还列出了它的外国名字,接着说:"英语中的布谷鸟花……在我的出生地柴郡南普特维奇,被叫作美人衫,这让我有理由根据我家乡的习惯来为它命名。"这表示,莎士比亚独特的用词直接源于杰拉德。在引人入胜的著作《莎士比亚植物学》中,著名园艺作家玛格丽特·威利斯提出了莎士比亚与这位植物学家相识的可能性,因为杰拉德记述说，他在跟一位朋友"往剧场"散步的路上发现了一朵重瓣的毛茛——这里的剧场指的就是位于肖尔迪奇的"剧场"剧院，由理查德·伯巴奇管理。1598年剧场被拆除，人们用拆下来的木材建起了环球剧院。

莎士比亚对于当时所谓"医学"的了解让之后几百年间的医学专家们都感到惊叹和迷惑，一位退休监狱医生、心理治疗师以"西奥多·达尔林普尔"的笔名这样说过：

**莎翁对于我们病痛缘由的深刻了解让大部分当代医学人士汗颜。**

研究还揭示了一个事实，那就是莎士比亚似乎早于"官方"发现了人体血液循环的定律。海丽娜，《终成眷属》的女主人公，是一个成就卓著的草药学家，从小就在父亲的膝盖上学会了这门知识（尽管奇怪的是，除了荆棘和野茨，她从未提过任何药草的名字）。她把国王生病当作展示自己才能的机会，随之赢得了理想中的丈夫（虽然这位丈夫并不情愿）。肯特州立大学的约瑟夫·瓦格纳教授已经辨别出了国王的病因，又一次证明了莎士比亚对于植物学和医学实践之间内在关联的认识。

人体遭受的病痛，比如坏血病、痛风、风湿，还有性病，在莎剧中经常出现，一同出现的还有治疗这些疾病的医用植物。前面提到的一些植物学书籍也着重讲述了医学实践，而且当时有一批男女非常精通于使用植物治病，比如剑桥的学者兼外交家托马斯·史密斯爵士，以及阿伦德尔伯爵夫人和肯特伯爵夫人。据《医学权威及英国女性的草药书：1550—1650》的作者瑞贝卡·拉罗西所述，这些上流社会中熟悉医药的女士所开的药方，与女巫的治病手段大致相同。她的评价是："《麦克白》中女巫所开的药方令人讶异地精准。"

## 莎士比亚、植株与性

莎士比亚在作品中提及植物的场合非常广泛，有赞美（"我们叫作玫瑰的这一种花，要是换了个名字……"）也有讽刺，比如在《温莎的风流娘儿们》里，拉丁文语法中的"无称呼格"（Focative Caret）被快嘴桂嫂听成了"很好的一根"。这固然是个谐音梗——她把"Caret"听成了"Carrot"（胡萝卜），但与此同时，这个错误也颇具性意味："根"也指男性的生殖器，"Caret"的字面意思是"缺失的"，而野生胡萝卜顶部的绿叶在古代是用来避孕的草药，有刺激行经及堕胎的功效。实际上，这整场戏都充斥着与性有关的笑话，与"胡萝卜"的谐音梗相对应，埃文斯师傅还把"Vocative"（呼格）错念成"Fvocative"，这只是莎士比亚使用"f"字脏话的一种方式。

"鹅莓"（Gooseberry）这个词也具有性方面的双关语意，比如在《爱的徒劳》里，俾隆提到的"green goose"，直译为"绿色的鹅莓"。确实，鹅莓是绿色的，但萨瑟克主教宅邸附近妓院里的女人们都被称作"温彻斯特的鹅"，所以"绿色的鹅莓"同样可以指年轻的妓女。

莎士比亚频繁地使用植物作为隐喻，探究了伊丽莎白时代的各种性行为（好吧，其实不只局限于伊丽莎白时代）。文字表达看起来或许有些含混，不过，看看被提到植物的具体样子，会带来很大帮助。最明显的就是欧楂（见第 106 页）。学者们经常猜测茂丘西奥是不是同性恋、有没有单恋罗密欧，只需看上一眼欧楂的果实（莎士比亚只提到了欧楂果，从未提到欧楂的花朵），我们就会更容易理解为何他们有此猜测。实际上，这或许正是今天人们用"水果"来代指"同性恋"的根源。对这些典故有所了解，特别是了解它们的出处，能够帮助你更加深入地理解对白，找到笑点。

## 在地美食家莎士比亚

如今人们对于本地有机食材的追捧或许会让莎士比亚迷惑不解——在 16 世纪，吃在地食材是一种常态。外来的进口食材确实让人兴奋——肉豆蔻和生姜都成了菜肴的主要配料，正如弗朗辛·塞根在《莎士比亚的厨房》一书中所述，当时从外国，特别是意大利传入的菜谱大受欢迎。不过，在莎士比亚的时代，餐桌和橱柜里最常见的仍然是大量产自本地的食材、药草、谷物、种子和香料。虽然当时的人们吃肉远远多于吃蔬菜，但老百姓都懂得种植蔬菜供冬季食用。把豌豆或者菜豆晾干，把西梅做成果脯，用野菜和谷物煮成浓汤，腌渍与封存能够保证人们在食材匮乏的几个月里，仓中仍有存货，特别是当农作物歉收年景惨淡的时候（参见第 41 页谷物叛乱相关内容）。

在伊丽莎白时代园艺繁荣的时期，菜园也大量涌现，主要由女性负责照管，而男性则打理果园。无论从字面意义还是象征意义上来说，和平年代都意味着生长繁殖：原本为了药用而种植的花卉成了观赏植物，很多还可以食用。当时关于农业与烹饪的新书，如 1577 年出版的《园丁的迷宫》，都非常畅销——用英文写就，再加上当时人口识字率呈几何级数增长，无疑都是这些书籍大获成功的重要因素。

## 植物的画像

艺术家长谷川纯枝－柯林斯童年时曾在东京接受过钢琴演奏的专业训练。她一直非常注意保护自己的双手，素描与绘画是她为数不多的休闲爱好。后来，她获得了一个平面设计奖，并移居美国，成了一名纺织品设计师。她丈夫所在的邦德街剧院排演了《莎士比亚派对》，这是一部综合了诸多莎剧场景的户外舞台剧，而长谷川纯枝担任了服装设计工作。对自然有着敏锐感受力的她开始注意到，莎士比亚的台词与诗句中提及了大量植物，而这些植物也逐渐在她的艺术思维中萌芽。从她常去的布朗克斯区纽约植物园，一路到伦敦郊外的邱园，她学会了将自己在水彩画方面的专长与植物学绘图的需求结合。研究并绘出莎士比亚植物世界中的每一片树叶与根茎、果皮与花瓣，成为她几十年来热衷的事业。

# 词汇去芜

## 香膏、欧白芷与鸢尾

除了社交网络上经常被引用（包括被错误地引用）的那些莎翁名言外，演员与学者的圈子中也持续不断地上演着对莎翁词句解读的争论。一朵玫瑰在格特鲁德·斯泰因的笔下可能就是一朵玫瑰，但在莎士比亚的作品中却可以被赋予各种意义——爱情、美丽、王朝、芬芳、颜色和危险（那些尖刺！）。通过一个特殊的角度（比如植物）去看待莎士比亚的作品，会产生新的见解，也会引发新的争论。就像大卫·林奇的邪典电影《蓝丝绒》里平静的郊区花园中暗涌着骚动一般，莎士比亚作品的完美与精致之下也掩藏着关于意义和意图的激烈争论——皮衣苹果（Leather-coat）是指某种苹果还是葛缕子？《哈姆雷特》中提到的毒药是不是"疯树根"？《暴风雨》中的"芍药"又是怎么回事？

同样，一些以植物命名的角色也像谜题一般，比如《仲夏夜之梦》中的彼得·昆斯（Quince，意为榅桲），或者《爱的徒劳》中的考斯塔德（Costard，意为英国的一类苹果品种）。《罗密欧与朱丽叶》里神秘的"安杰莉卡"（Angelica，意为欧白芷）又该怎么理解？它到底是奶妈的名字，还是指那位遵照凯普莱特老爷的吩咐做事，却不曾在台上露面的厨娘？有些人或许会认为，这是一种"广告植入"——刻意在筹备婚宴的情节中提到"欧白芷"这种可以食用，也可以入药的植物……虽然我们没有在正文中收录"欧白芷"的相关引文，但我们可以在这篇导论末尾的插图中，看到这种草药的样子。《驯悍记》中亨利·潘佩内尔（Pimpernell，意为琉璃繁缕）的出场也与之类似——他的姓氏是想暗示某些与花卉有关的信息，抑或只是想为这个面目模糊的角色添加一点色彩？我们在目录左侧的那一页描绘了这种植物，因为一个世纪之后著名的文学人物"红花侠"（Scarlet Pimpernel）或许就是源自于此。彩虹女神埃瑞斯（Iris，意为鸢尾花）的名字在多部莎翁剧作中出现，均非指代这种花卉本身，不过，鸢尾也以"Flower-de-luce"和"Flag"的名字在莎剧中出现过。

## 泛指与特定

这本书对于莎剧台词进行了适当取舍，其一是为了将植物本身与隐喻加以区分，同时提供一点点讨论的余地。比如，"Balm"（香膏，有时也作"Balsam"或"Balsamum"）在莎剧中已经成为"救助"或"政权交替时王室授膏仪式"的代称（"我可怜双目中流淌的香膏"是指眼泪，而非植物），所以此类植物相关的台词未被收录，被收录的或许也存在争议。实际上，要精确计算出莎士比亚的作品中提到了多少种植物是非常困难的，因为即便在我们这本特定的植物学图鉴中，也零散地存在着一些有争议的泛指词汇："Corn"（谷子）可以泛指所有的粮食；"Grasses"（牧草）可能包括了多种草本植物，比如羊茅；就连"Rose"（玫瑰）这种人们至爱的花，在被提到太多次后，看上去也像一个泛指词汇了，尤其是在论及玫瑰时，莎翁还提到了多个具体品种。所以，我们并没有把莎剧中的每一种植物都绘制出来。同时我们也要留意，不要太过死板，陷入"花卉的误区"——"Mint"（薄荷）有时候也指造币厂，"Rose"是动词"rise"（升起）的过去式，"Elder"（接骨木）也指老年人，而"Palm"（棕榈）的另外一个意思是手掌心。

## 关于植物的拉丁文学名

　　莎士比亚的作品中没有提到葫芦巴（Fenugreek，一种可食用的药草），但确实多次提到过希腊（Greek，作为某些戏剧的背景或者故事灵感来源）。此外莎剧中还有很多拉丁文。不过由于卡尔·林奈当时尚未出生，他发明的拉丁文植物双名命名法也还不存在。这并不是说当时没有任何植物命名体系，实际上只是没有统一的标准——比如说，不同地区的僧侣其实发明了不同的命名体系，但他们相互之间没有交流（有些本来就很沉默寡言），所以命名的过程不连贯、不准确，甚至有时令人困惑（杰拉德的《植物志》就可以证明这一点）。法国艺术家雅克·勒莫尼·德摩尔古斯（好名字）在1564年到佛罗里达州考察过，并在1586年煞费苦心地创作出了一本常见花卉与果实的彩色图鉴（如今世上仅存三册），用拉丁文、法文、德文和英文标注了这些植物的名称。他把这本书献给了当时一位很著名的英国诗人——彭布洛克伯爵夫人玛丽·西德尼·赫伯特。

　　由于莎士比亚并没有真的使用植物的拉丁文学名，我们也不会使用——除了在极个别的词条，比如"玫瑰"下面，我们列出了拉丁文名称作为区分不同物种的方式。

## 如何阅读本书

　　除了杰拉德的《植物志》，亨利·艾拉柯恩比教士在19世纪中晚期编纂的《莎士比亚植物知识与园艺技巧》也极为详尽，是本书的另一个主要参考文献。这位大名鼎鼎的教士在没有互联网的情况下，把莎士比亚的所有作品逐字通读，详细梳理，找出了每一处提到植物的台词和诗句！（也有遗漏，但极少。）薇薇安·托马斯和妮基·菲尔克劳斯合著的《莎士比亚的植物与园艺——一本词典》（被收于雅顿系列丛书）是最后时刻降临的福泽。书中收录了一般性的参考资料以及园艺学术语，比如修剪、翻耕、嫁接、描述气味的用语，甚至还提到了"翻龙"（flap-dragon），这是一种需要抢夺并吃下灼热葡萄干的游戏（反正当时人们也没什么事可做）。

　　我们的目标是让每种植物除名称之外，也拥有一张"脸"，并将之与所有相关的莎剧台词对应起来。这样，如果你愿意，就能更好地理解莎翁作品的内在风景。我期待看到读者就某种植物或者某一句遗漏的台词展开辩论。就如同之前提到的《麦克白》中那个缩写词"bane"一样，发现"goose"一词的历史渊源也是很有趣的：因为鹅莓是绿色的，"goose"作为鹅莓的简称，如今主要用来表达"青涩"的意思，比如"你看起来有点青涩"。如寻宝一般寻找诗意的植物，无异一场饕餮盛宴。

但是就纯粹的乐趣而言，你也可以在这本书中挑选一段关于玫瑰的引文送给你最喜欢的萝丝姨妈，或者为你的情人献上花团锦簇的欢快诗句，用跟植物有关的双关语羞辱你的敌人，把你最爱的药草或者花卉诗句题给挚友留念。你可以根据你最喜欢的剧作或角色来布置花园，或者按照隐含的花语来搭配花束——肉豆蔻、金盏菊和姜花代表"敞开胸怀，迎接生命中的各种滋味"，车前、荠菜以及水苹果搭配起来一定会疗愈你的身心。

关于诗歌部分值得一提的是，除了莎士比亚的《十四行诗》外，本书还收录了《维纳斯与阿多尼斯》、《鲁克丽丝》（依据1594年初版，该诗的标题是"鲁克丽丝"而非今天更为人所知的"鲁克丽丝受辱记"）、《凤凰与斑鸠》、《情女怨》和《爱情的礼赞》——不过最后一部诗作并非全文收录，因为学界认定其中只有五首出自"莎士比亚之手"。

莎士比亚的问题在于（没错，他确实有一个问题）他太为人熟知，因此大家对他的作品也往往太过熟悉。这就如同你有时候会忘记或忽视某位最亲近的朋友或家人，因为他总是在你身边。就连小孩子都知道"生存还是毁灭"这句著名的台词，尽管往往并不了解它背后的内涵。莎剧已经成了我们文化中根深蒂固的一部分。然而，当你停下来，哪怕只是一个瞬间，来闻一闻花香，那么莎士比亚思想、创意和情感的力量就能够弥漫你的全身，甚至震撼你的世界。诗人罗伯特·格雷夫斯对此巧妙地做出了总结："莎士比亚的伟大之处在于，盛名之下，他的优秀是名副其实的。"

**大自然本身也为他的设计自豪，**
**乐于用他的词句作为衣妆！**
**——本·琼森，《莎士比亚全集：第一对开本》**

# ❧ 植物图鉴 ❧

植物按英文名称首字母排序，

及台词、诗句引用

# 乌头（Aconitum）<sup>2</sup>

—————◆◆◆—————

### 亨利四世

你将要成为一道结合你兄弟们的金箍，

这样尽管将来不免会有恶毒的谗言倾注进去，

像火药或者**乌头**一样猛烈，

你们骨肉的血液也可以永远汇合在一起，毫无渗漏。

——《亨利四世》下篇，第四幕，第二场

# 橡果（Acorn）

或称 Mast，参见"橡树"

—————◆◆◆—————

### 普洛斯彼罗

你的食物是淡水中的贝蛤、

干枯的根茎，和**橡果**的皮壳。

——《暴风雨》第一幕，第二场

### 迫克

小精灵们吓得胆战心惊，

都钻到**橡**斗中藏身。

——《仲夏夜之梦》第二幕，第一场

**乌头**　又名乌头毒草、狼毒乌头、修道士兜帽、魔鬼的头盔、毒中女王，尽管其他毒物或许会认为最后这个名字言过其实（参见"毒草"条目）。乌头属的植物超过二百五十种，绝大部分都有剧毒。乌头属植物外形美丽，足以给花园增添色彩，也可以用来做解毒剂，但最常见的还是用作麻醉剂。它是巫师的常用药物，也是古代战争中杀人于无形的毒药，很可能就是《哈姆雷特》中雷欧提斯剑头所喂的毒药，因为乌头的词根可能是"akon"，在希腊语中有箭镞与标枪之意。莎士比亚最爱的书——奥维德的《变形记》中也提到过这种植物。

### 拉山德

滚开，你这矮子！

你这发育不全的萹蓄三寸丁！

你这小豆子！你这小**橡子**！

——《仲夏夜之梦》第三幕，第二场

### 泰门

橡树长**橡果**，野茨丛长着红色浆果。

——《雅典的泰门》第四幕，第三场

### 波赛摩斯

像一头吃饱了**橡果**的野猪——日耳曼野猪。

——《辛白林》第二幕，第五场

### 西莉娅

我看见他在一株树底下，

像一颗落下来的**橡果**。

——《皆大欢喜》第三幕，第二场

---

**橡果**　橡树（栎属植物）的果实。皮革一般的坚果裸露在外，托在杯状的壳斗中。橡果象征着强大的祖先（橡树）生下的弱小平庸的后代，但从另一方面来看，它也同样代表着内藏的强大潜能。"Mast"指掉落的橡果，是猪的最爱。

# 花格贝母
# (Adonis Flower)

或称 Fritillary

---

于是，从他洒满地面的那片血泊里，

**生出了一枝紫色带有雪白格子的花朵，**

像极了他苍白的脸颊，

以及上面清晰可见、鲜丽红艳的粒粒血珠。

——《维纳斯与阿多尼斯》

# 扁桃（Almond）

---

### 忒耳西忒斯

一只鹦鹉瞧见了一颗**扁桃仁**

也不及他听见了一个近在手头的婊子更高兴。

——《特洛伊罗斯与克瑞西达》第五幕，第二场

---

**4**

**花格贝母** 这种花让学界困惑了几个世纪。为什么呢？他们认为，莎士比亚诗中的花朵，就是奥维德笔下，维纳斯和阿多尼斯传说原作中出现的银莲花（Anemone，虽然莎士比亚总是会对原始资料加以调整），但从死去的阿多尼斯的血液里生长出的那种"紫色带有雪白格子的花朵"并不符合银莲花的特征，却完美地吻合了人们对花格贝母，也就是蛇头贝母或者火鸡花（这个名字是弗拉芒植物学家兰伯特·多登斯起的，因为在当时英国被称为"火鸡"的珍珠鸡身上有类似的花纹）的描述。药剂师诺尔·卡培龙在 1570 年前后从法国奥尔良引进了这种花，称其为卡培龙水仙。《植物志》的作者约翰·杰拉德非常喜欢这种花，给它起了个别名"花格水仙"，并把它放在了他 1597 年出版的巨著的封面上。所以，它出现在莎士比亚同时期的各种文献资料中，很容易辨别。

# 芦荟 (Aloe)

———◆◆◆———

就像长满尖刺的**芦荟**，爱能让一切恐惧、

震惊和痛苦在身受时都化作甜蜜。

——《情女怨》

---

**扁桃** 根据记载，扁桃树是出现于 16 世纪中期的珍稀栽培树种，几乎与伊丽莎白一世统治时期富人们对于蔗糖的狂热同时出现。当时人们把扁桃仁、白糖与玫瑰水以及甜栗子混合起来，做成一种扁桃仁膏［Marzipan，即《罗密欧与朱丽叶》中的"碎扁桃仁饼"（Marchpane）］，那是一种很时髦的糖果。鹦鹉显然无法抗拒这种坚果的魅力，所以才有了忒耳西忒斯的这句台词。类似的谚语也在莎士比亚同时期的托马斯·纳什的著作《一枚扁桃仁给一只鹦鹉》和多年后本·琼森的《魅力女人》中得到了体现。

**芦荟** 如今这种多肉植物被视为舒缓剂的同义词，但是莎士比亚作品中提到的芦荟，虽然同样具有药效，却更为苦涩。这种较苦的芦荟最初从印度或亚洲其他地方引入，是一种带有浓郁香气的猛烈泻药。

# 苹果（Apple）

### 特拉尼奥

您长得可确实有点儿像他。

### 比昂台罗

就跟**苹果**与牡蛎的相似度差不多。

——《驯悍记》第四幕，第二场

### 安东尼奥

把一只**苹果**切成两半，

也不会比这两人更为相像。

——《第十二夜》第五幕，第一场

### 霍坦西奥

俗话说，两个都是烂**苹果**，

也没什么好挑的。

——《驯悍记》第一幕，第一场

### 西巴斯辛

我想他也许想把这个岛装在口袋里，

带回家去赏给他的儿子，

就好像赏给后者一只**苹果**。

——《暴风雨》第二幕，第一场

### 安东尼奥

一个指着神圣的名字做证的恶人，

就像一个脸带笑容的奸徒，

或者一只外观美好、心中腐烂的**苹果**。

——《威尼斯商人》第一幕，第三场

## 门房

这些小伙子专门在戏园子里乱吵乱闹，

为了吃剩的**苹果**打架……

——《亨利八世》第五幕，第四场

## 福斯塔夫

我身上的皮肤松得就像老太太的宽罩衫，

我全身皱得活像一只又老又干瘪的**苹果**。

——《亨利四世》上篇，第三幕，第三场

## 马伏里奥

说是个大人吧，年纪还太轻；

说是个孩子吧，又嫌大些，

就像是一个没有成熟的豌豆荚，

或是一只半生的**苹果**。

——《第十二夜》第一幕，第五场

## 奥尔良

愚蠢的狗！它们闭上眼睛，

直往俄罗斯熊的嘴里冲，

让自己的脑袋被咬得像个烂**苹果**一样！

——《亨利五世》第三幕，第七场

---

**苹果**　作为最早栽培的果树之一，苹果树的果实既可以入药，也可以食用，不过从广义上来说，"Apple"一词也可以指代其他水果。在莎士比亚的剧作中，苹果除了供人食用，也出现在各种隐喻中，他提到过以下一些特殊品种或状态：

- **蔫苹果（Apple-john）** 已经放了很长时间，看起来没有水分、不新鲜的苹果。
- **苦甜果（Bitter-sweeting）** 偏甜的苹果品种，可能是酿苹果酒或者做菜用的。
- **青苹果（Codling）** 没有成熟、仍然青涩的苹果。
- **皮平苹果（Pippin）** 一类椭圆形、比较耐放的品种，通常用苹果籽直接栽培出来（没有嫁接过）。
- **水苹果（Pomewater）** 硕大、发酸、多汁、果皮色浅的苹果。
- **皮衣苹果（Leather-coat）** 这种苹果就是后来人们熟知的"金褐苹果"，个头中等，口味酸甜爽脆，是苹果中的最优品种之一。然而，由于莎士比亚似乎是第一个在作品中提到这东西的人，而且从剧作的上下文来看，他实际上说的是葛缕子和它的外壳，所以相关台词被移到了"葛缕子"条目下。
- **考斯德苹果（Costard）** 这是《爱的徒劳》里一个喜剧角色（考斯塔德）的名字。这个词本身也是古代用来形容苹果的，这种苹果通常个头极大，因此也用来指"人头"。乡下人称苹果贩子为考斯塔德贩子（costardmonger），念快一点儿就变成了"costermonger"，指那些吵闹、粗鄙、不守法的流浪水果贩子（偶尔也用来指演员）。

❖ **欧白芷（Angelica）** 我们在导论部分提到过这种植物，它也是《罗密欧与朱丽叶》中一个角色（安杰莉卡）的名字。这种野外也可以见到的庭园作物，在剧中的含义众说纷纭：可能指一个未曾露面的厨房女仆，可能是奶妈的名字，也可以作为朱丽叶之前提到的曼德拉草的"解毒药"，或是作为婚宴上用来与烤肉类食物搭配的蜜饯……有意思的是，莎翁同时代的作家罗伯特·格林在他的作品《佩瑞米德斯》中描写了一个沉默的、只出现了一次的人物，就叫安杰莉卡。

## 夏禄

不，您必须瞧瞧我的园子，

我们可以在那儿的一座凉亭里

吃几个我去年嫁接的**皮平苹果**，

另外再随便吃些葛缕子之类的东西。

——《亨利四世》下篇，第五幕，第三场

## 茂丘西奥

你的俏皮话像是**苦甜果**，味道辛辣能当调料。

## 酒保甲

见鬼，你拿了些什么来呀？

**蔫苹果**吗？

你知道约翰爵士见了**蔫苹果**就会生气的。

## 罗密欧

这调料用来搭配呆头鹅，岂不绝妙？

——《罗密欧与朱丽叶》第二幕，第三场

## 酒保乙

哎哟，你说得对。

有一次，亲王

把一盘**蔫苹果**放在他面前，

对他说又添了其他五位约翰爵士，

又把帽子脱下，说：

"现在我要向你们这六位

又干又瘦又蔫儿的元老告别了。"

——《亨利四世》下篇，第二幕，第四场

## 埃文斯师傅

我先把饭吃完，

还有一道**皮平苹果**跟干酪。

——《温莎的风流娘儿们》第一幕，第二场

## 霍罗福尼斯

那头鹿，您知道，沐浴于血泊之中，

像一只多汁的**水苹果**，

刚才还是明珠般悬在太虚、

穹苍、天空的耳边，

一下子就像一个野酸果一样，

落到平陆、原壤、土地的面上。

——《爱的徒劳》第四幕，第二场

### 彼特鲁乔

这是什么？袖子吗？简直像一尊小炮。

怎么回事？上上下下都是褶儿，

像个**苹果**挞。

——《驯悍记》第四幕，第三场

如果你的德行跟你的外表不相称，

那你的美貌就无异于夏娃的**苹果**。

——《十四行诗》第九十三首

### 弄人

你到了另一个女儿那里，

就能知道她待你怎么样了。

因为她虽然跟这一个女儿就像野酸果

跟家**苹果**一样相似，

但我总可以告诉你我知道的事情。

——《李尔王》第一幕，第五场

### 毛子

怪事，主人！这儿有个**大脑袋**

把腿给摔坏了……

### 毛子

因为说起来**大脑袋**把腿摔坏了……

### 亚马多

你倒是给我讲讲，一个**大脑袋**

怎么可能长腿，还把腿摔坏了？

——《爱的徒劳》第三幕，第一场

### 埃文斯师傅

我恨不得把他的便壶摔在

他那**狗头**上。

祝福我的灵魂！

——《温莎的风流娘儿们》第三幕，第一场

### 凶手甲

用你的刀把打他的**大脑袋**，

再把他丢进隔壁房间的大酒桶里去。

——《理查三世》第一幕，第四场

### 爱德加

不，不要走近这个老头儿，

我提醒你，走远一点儿，

要不然的话，我要试一试

究竟是你的**脑袋**硬

还是我的棍子硬。

——《李尔王》第四幕，第六场

# 杏（Apricot）

或称 Apricocke、Apricock

### 提泰妮娅

恭恭敬敬地侍候这先生，

蹦蹦跳跳地追随他前行，

给他吃**杏子**和露莓，

还有紫葡萄、青无花果和桑葚。

——《仲夏夜之梦》第三幕，第一场

### 园丁

去，把那边垂下来的**杏条**扎好，

它们就像是不听话的孩子，

让老父亲不堪重负，只能弯下腰来。

——《理查二世》第三幕，第四场

### 帕拉蒙

我多想交出余生全部的幸运，

变成那边那棵小树，那开满花朵的**杏树**。

我要张开我爱意满满的枝干，

伸进她的窗口！

我要把上帝才配享用的鲜果都献给她。

——《两贵亲》第二幕，第二场

---

**杏**　在莎士比亚的时代，杏子写作"Apricock"，是从拉丁文原词（Praecox / Pracoquus）衍生出的 Abrecox / Aprecox 变形而来的。这种水果或许是在亨利八世统治时期，经由意大利、西班牙或者经由丝绸之路从中国传入英格兰的。它被视为一种有钱人的水果，杏树也因为开花时间比桃树早而得到了一个昵称"早熟树"（Precocious Tree，也与其拉丁文名相似）。它出现在《理查二世》中，其实与它被引入英国的时间是有冲突的（除非莎士比亚知晓一些我们目前仍不知道的事，比如杏子被引入英国的时间其实更早，可能在罗马帝国统治英国时期就被引入了）。

# 阿拉伯树（Arabian Tree）

### 奥赛罗

我这双隐忍的眼睛，

虽然不太容易为情所动，

泪水却像**阿拉伯树**的树胶一样潜然落下。

——《奥赛罗》第五幕，第二场

让那歌喉最响亮的鸟雀，

飞上独立的**阿拉伯树**的枝头，

宣布讣告，把哀乐演奏，

一切飞禽都和着拍子跳跃。

——《凤凰与斑鸠》

### 西巴斯辛

**在阿拉伯有一棵树**，是凤凰的王座，

有一只凤凰如今还在那里称王。

——《暴风雨》第三幕，第三场

**阿拉伯树** 很多学者认为奥赛罗提及的那棵树是棕榈树或者没药树（没药树的树胶可以入药，但不能用来治疗眼疾），然而 16 世纪的草药学家，包括杰拉德在内，都认为阿拉伯金合欢（Acacia，又称 Aegyptian Thorne）分泌的阿拉伯树胶能够治疗眼疾，一位 13 世纪的意大利外科医生特别把这种树胶称为眼泪。不过，在《暴风雨》和《凤凰与斑鸠》里提到的树更像是海枣。一般相信海枣树是神秘凤凰鸟的栖居地，因此海枣的拉丁文学名叫作 "Phoenix dactylifera"。

# 欧梣 (Ash)

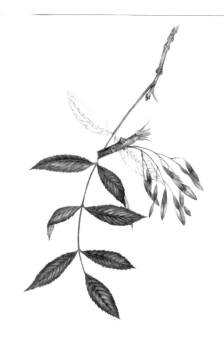

### 奥菲迪乌斯

让我用双臂抱住你的身体，

我的**梣**木矛已经被你百挡千折，

飞溅的木屑在月亮上留下疤痕。

——《科里奥兰纳斯》第四幕，第五场

# 欧洲山杨 (Aspen)

### 玛克斯

啊！要是那恶魔曾经看见这双百合花般白皙的手

像**山杨**叶般战栗着，弹弄着鲁特琴……

——《泰特斯·安德洛尼克斯》第二幕，第四场

### 老板娘 (快嘴桂嫂)

您看看，老爷们，我这抖得呀，

确确实实是在发抖，

就像一片**山杨**的叶子似的。

——《亨利四世》下篇，第二幕，第四场

---

　　**欧梣**　一种英格兰本地生的木材树，以成材迅速且木质坚硬著称，是制作长矛和可靠工具的主要原料。莎士比亚唯一一次提到这种纹路密集的木材，是描述梣木制成的矛被科里奥兰纳斯击得粉碎，说明后者力大无穷。

　　**欧洲山杨**　杨属，它显著的特点在于，其叶茎（叶子与树木连接处）是扁平而非圆形的，因此山杨树叶永远在动，仿佛一直在发抖。

# 花苞与花朵呈纽扣状的植物
## (Bachelor's Buttons / Buds)

### 店主

您觉得那位范顿少爷怎么样？

他腿脚灵活，还会跳舞，他有青春的眼神，

他写诗，他讲话漂亮，他的身上有春天的气息；

他一定会成功的，他一定会成功的。

看看他口袋里的**矢车菊**，

他一定会成功的。

——《温莎的风流娘儿们》第三幕，第二场

### 提泰妮娅

年迈的冬神却在薄薄的冰冠上

缀上了夏天芬芳**蓓蕾**编织的花环。

——《仲夏夜之梦》第二幕，第一场

### 雷欧提斯

就像蛀虫常常伤害春之**蓓蕾**，

让它们的花朵无法盛放，

朝露般甜美的青春，

也最容易因为诱惑而枯萎。

——《哈姆雷特》第一幕，第三场

### 阿赛特

啊，艾米丽娅女王，比五月还清新，

比枝头金色的**矢车菊**更甜蜜，

比草地和花园里光鲜亮丽的花花草草都漂亮……

——《两贵亲》第三幕，第一场

---

**花苞与花朵呈纽扣状的植物**　泛指有这一特征的植物。在莎士比亚的时代，男人将之点缀在口袋上，女人佩戴在裙子的开口处，或者藏在衣服褶皱里。一簇甜美芳香的蓓蕾可以用来遮掩体味，制造出怡人的气息，也辅以沐浴在爱河中的时刻美好的回忆。这些花朵像护身符一样，其蓬勃、萎谢或者新鲜的程度预示着求爱的成败。后来男士逐渐开始把花苞别在上衣的翻领处或扣眼里。

# 香膏 (Balm)

或称 Balsam、Balsamum

## 大德洛米奥

我已经把我们的东西搬上去了，

油、**香脂**、酒精，我也都买好了。

——《错误的喜剧》第四幕，第一场

## 安·培琪

用鲜花和**香膏**将那些尊严的宝座

仔细清洁打扫，

祝福那文楹绣瓦、画栋雕梁，

千秋万岁永远照耀着荣光！

——《温莎的风流娘儿们》第五幕，第五场

## 艾希巴蒂斯

难道这就是那放高利贷的元老院

替将士的伤口敷上的**香膏**吗？

——《雅典的泰门》第三幕，第五场

## 克莉奥佩特拉

像**香膏**一样甜蜜，像微风一样轻柔。

——《安东尼与克莉奥佩特拉》第五幕，第二场

她激动地颤抖着，称它是**香膏**琼脂，

世上给女神治相思的灵药，数它最强。

——《维纳斯与阿多尼斯》

我要把止痛的**香膏**，

滴入皮亚姆鲜红的伤口。

——《鲁克丽丝》

**香膏**  香膏舒缓疼痛的作用让它成了"救助"的代名词。在数量繁多的引文中，我们只选取了一些直接将其作为植物引用的台词（而不包括那些用作比喻的，比如"我可怜双目中流淌的香膏"，此处的"香膏"指眼泪）。莎士比亚剧中的香膏大概是指香蜂草（Lemon Balm），带有微妙、甜美的气味，可以用来制作创伤软膏或类似药品。"Balm"、"Balsam"和"Balsamum"这几个词经常可以混用，都是指产香膏的树木，都可以用来制作愈合类软膏，也用来涂抹重要之人的遗体以防止腐烂，或者在政权交替时的授膏仪式上使用。（本页插画展示的是异香草和吐鲁香。）

# 大麦 (Barley)

## 元帅

难道那种给累垮了的老马当药喝的白水，

他们的"**大麦汤**"，

竟能把他们的冷血激发到如此沸腾的地步？

——《亨利五世》第三幕，第五场

## 埃瑞斯

刻瑞斯，最富饶的女神，你肥沃的田地生长着

小麦、黑麦、**大麦**、野豌豆、燕麦和豌豆。

——《暴风雨》第四幕，第一场

## 狱卒的女儿

有时候我们这些幸运的人

会玩"打**大麦**"的游戏。

——《两贵亲》第四幕，第三场

---

**大麦** 粮食作物，用大麦做成的面包一般认为比小麦面包次一等，但在贫困时期就成了主食。大麦也可用来酿酒（Barley的原意是做啤酒的植物）。《亨利五世》里法国贵族瞧不上的"大麦汤"（Barley-broth）固然是一种大麦药汤（用来帮助降低血温），但也有人认为它是对英国啤酒的一种蔑称。

❖ **藤壶（Barnacle）** 在《暴风雨》中，凯列班担心"我们……或许都要变成 Barnacles 了"。因为剧中人都是海岛居民，那么推测这个词是指附着在船底的甲壳纲动物"藤壶"也很有道理，但是 16 世纪的人们认为它指的是从"藤壶树，一种能够生出大雁的树"上生出的大雁。（见本页下方插图。约翰·杰拉德发誓他曾经亲眼见过这种大雁。）这种传说中的树似乎是从与海洋有关的寓言以及 14 世纪的旅行者见闻中衍生出来的。不过如今也确实有种"藤壶雁"（Barnacle Geese），也就是白颊黑雁，是货真价实的母雁生出来的。

# 月桂（Bay / Laurel）

◆◆◆◆◆

### 队长

大家都认为国王已经去世，我们不愿再等了。

我们国家的**月桂**树已经全部枯萎了。

——《理查二世》第二幕，第四场

### 老鸨

哼，过来，你这一盘子又是

迷迭香又是**月桂**的贞节菜！

——《泰尔亲王佩里克利斯》第四幕，第六场

**月桂**　作为德尔斐神庙的女祭司和阿波罗天神的最爱，月桂常绿而有光泽的叶子一直以来都与王室、不朽以及战争中胜利一方的冠冕联系在一起。意大利人有种迷信，如果一个国家的月桂树枯萎或者死去，就预示着那里即将遭遇灭顶之灾。

## 开场白

快把这种作家写的无知糟粕拿走，

不要让我的**月桂**枯萎，

让我的名作遭到贬损。

——《两贵亲》开场白

## 梦境

六个人物迈着庄严而轻盈的步伐依次走上。

他们身穿白袍，头戴**月桂**枝编的冠，

脸上蒙着金色面具，

手里举着**月桂**枝或棕榈枝。

——《亨利八世》第四幕，第二场

## 克莱伦斯

当你诞生的时候，

上天已把橄榄枝和**月桂**冠赋予你，

使你在和平与战争中都有福气。

——《亨利六世》下篇，第四幕，第六场

## 泰特斯

安德洛尼克斯戴着**桂**冠回来了。

——《泰特斯·安德洛尼克斯》第一幕，第一场

## 克莉奥佩特拉

愿胜利的**桂**冠悬在您的剑端，

敌人到处俯伏在您的足下！

——《安东尼与克莉奥佩特拉》第一幕，第三场

## 俄底修斯

……以及尊长、君王、统治者、

戴着**桂**冠的胜利者所享有的特权。

——《特洛伊罗斯与克瑞西达》第一幕，第三场

# 豆子 (Beans)

## 迫克

我看见一头被**豆子**喂得精壮的公马，

就学着母马的叫声把它骗昏了头。

——《仲夏夜之梦》第二幕，第一场

## 脚夫乙

这儿的豌豆和**大豆**全都是潮湿霉烂的，

可怜的马儿吃了这种东西，怎么会不长疮呢？

——《亨利四世》上篇，第二幕，第一场

# 黑果越橘 (Bilberry)

## 毕斯托尔

你去跳进人家的烟囱，

看他们炉里的灰屑有没有扫干净。

我们的仙后最恨贪懒的婢子，

看见了就把她拧得

**浑身黑果越橘**一样青一片紫一片。

——《温莎的风流娘儿们》第五幕，第五场

**豆子** 又叫 Pulses，指某些豆科植物的种子，似乎在莎士比亚作品中的口碑不太好（有一位作家把它们看作不浪漫的植物）。通常来说，莎剧中的豆子是指用作马饲料（如果受潮后食用会引起肠胃不适）或者穷人才吃的扁豆。

**黑果越橘** 在长满苔藓的荒野和灌木丛中经常会生出这种野生莓果，又叫 Whortleberries、Heathberries、Whinberries。它总是会在食用者的嘴唇和手指上留下黑紫色的斑点，因此毕斯托尔才说要把女仆拧到浑身都是黑果越橘颜色的伤痕。它在莎士比亚的作品中只出现了一次，不过由于它是常见的野生植物，或许《雅典的泰门》和《泰特斯》中提到的浆果也指的是黑果越橘。

# 垂枝桦 (Birch)

### 公爵

溺爱儿女的父亲如果挥起**桦**条鞭子，

却只是在孩子面前晃晃表示威胁，

不曾真正使用，到最后

它只会被孩子们笑话，而根本不会被惧怕。

——《一报还一报》第一幕，第三场

### 教师

身为乡校先生，就要用**桦**木条

抽小学生的屁股，

用藤鞭来教训大一点的学生。

现在就献上一组舞蹈，或者一套。

——《两贵亲》第三幕，第五场

**垂枝桦**　这种英国本地生长的树木并没有得到莎士比亚的青睐，在剧作中两次提及都略过了其优雅的风采，只是提到了它的树枝——干枯的枝干绑到一起可以用来打孩子，因此就有了"用桦条鞭打"（birching）这个词。桦木枝在当时同样也常被用来打老婆，或者作为巫婆的扫帚。

# 黑莓
# (Blackberries)

或称 Brambles

### 忒耳西忒斯

那狐狗般的俄底修斯，

还不如一颗**黑莓**有用。

——《特洛伊罗斯与克瑞西达》第五幕，第四场

### 福斯塔夫

非得要求我给你们一个道理！

即使道理多得像黑莓一样，

我也不愿在人家的强迫之下讲出来。

——《亨利四世》上篇，第二幕，第四场

### 福斯塔夫

天上光明的太阳会不会变成一个游手好闲之徒，

吃起**黑莓**来？

——《亨利四世》上篇，第二幕，第四场

**黑莓** 《雅典的泰门》和《泰特斯》里提到的浆果也有可能是黑莓。剧中提到，这种野生莓果很常见，食用方便，但灌木丛长有尖刺，不易采摘。

# 锦熟黄杨
## (Box)

———◆———

### 罗瑟琳

有个人在树林里徘徊，

在我们鲜嫩的树皮上刻满了"罗瑟琳"的名字，

把树木糟蹋得不成样子；

在山楂树上挂起诗篇，

在**黑莓**灌木上悬吊挽歌……

——《皆大欢喜》第三幕，第二场

多刺的**黑莓**灌木

和茂密的树丛，

由于害怕他而自动分开，

让他从中间飞奔而过。

——《维纳斯与阿多尼斯》

### 玛利娅

你们三人都躲到**黄杨树**后面去。

——《第十二夜》第二幕，第五场

**锦熟黄杨**　锦熟黄杨经常被修剪成多种形态的树篱，出现在设计精致的花园、大型庭园、凉亭和其他园林中。所以在奥莉薇娅的花园里，恶整马伏里奥之人会藏在黄杨树后面，也就不奇怪了。

# 野茨 (Briers)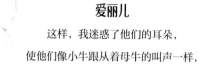

### 爱丽儿

这样，我迷惑了他们的耳朵，

使他们像小牛跟从着母牛的叫声一样，

跟我走过了一簇簇长着尖齿的**野茨**，

咬人的荆豆和锐利的荆棘丛，把他们可怜的胫骨刺穿。

——《暴风雨》第四幕，第一场

### 小仙

越过山谷，越过丘陵，

穿过树丛，穿过**野茨**。

——《仲夏夜之梦》第二幕，第一场

### 弗鲁特

脸孔红如茂密**野茨**中的红玫瑰。

——《仲夏夜之梦》第三幕，第一场

### 海丽娜

时间来到了夏天，

**野茨**的绿叶遮掩了它周身的尖刺，

又美好又锋利。

——《终成眷属》第四幕，第四场

**野茨** 指蔷薇茎上密布的尖刺，或者任何植物"带尖刺"的部分。本页的插图展现了一株密刺蔷薇（Scotch Rose），也就是一般意义上的刺蔷薇（Brier Rose），以及一株单柱山楂荆棘，山楂灌木丛和其他尖利刺人的植物也可以被视作野茨。参见"荆棘"条目。

## 迫克

我要带你们绕圈圈，

经过沼泽，经过灌木，

经过**野茨**，经过林丛。

——《仲夏夜之梦》第三幕，第一场

## 迫克

**野茨**和荆棘划破了他们的衣服。

——《仲夏夜之梦》第三幕，第二场

## 赫米娅

从来不曾这样疲乏过，从来不曾这样伤心过！

我的身上沾满了露水，

我的衣裳被**野茨**划破。

——《仲夏夜之梦》第三幕，第二场

## 奥布朗

每个精灵跳跃着，

像**野茨**花枝上的小鸟。

——《仲夏夜之梦》第五幕，第一场

## 昆塔斯

这个洞是有多难发现？

连洞口都被蔓生的**野茨**遮住了。

——《泰特斯·安德洛尼克斯》第二幕，第三场

## 罗瑟琳

唉，这平凡的人间遍布着多少**野茨**！

——《皆大欢喜》第一幕，第三场

## 波力克希尼斯

我要用**野茨**划伤你的美貌。

——《冬天的故事》第四幕，第四场

## 泰门

橡树长橡果，**野茨**丛长着红色浆果。

——《雅典的泰门》第四幕，第三场

## 科里奥兰纳斯

不过是被**野茨**划破了，

这些疤痕不值一提。

——《科里奥兰纳斯》第三幕，第三场

## 理查·普兰塔琪纳特

替我从这簇**野茨**上摘下一朵白玫瑰。

——《亨利六世》上篇，第二幕，第四场

## 阿德里安娜

莫让爬行的常春藤、

**野茨**或懒散的苔藓偷取你雨露阳光！

——《错误的喜剧》第二幕，第二场

# 金雀花〔Broom〕

### 埃瑞斯

离开你那为失恋的情郎们

所爱好而徘徊其下的**金雀花**薮丛。

——《暴风雨》第四幕，第一场

### 迫克

我奉命带着**金雀花**扫帚前来，

把门里门外的灰尘打扫干净。

——《仲夏夜之梦》第五幕，第一场

### 狱卒的女儿

是的，我确实可以。

我可以唱《**金雀花**》和《好罗宾》。

你不是个裁缝吗?

——《两贵亲》第四幕，第一场

**金雀花**　这种开花的灌木在莎士比亚的作品中地位既卑微又隐隐有些高贵。金雀花原生于荒野，有着甜美的香气、亮金色的花朵，在《暴风雨》中仅出现过一次。《仲夏夜之梦》中迫克用它来扫地的台词也被收录在本页中（但略去了"扫帚很实用"的一段台词），因为即使作为精灵，迫克也不太会将这种美丽的植物当扫帚使用。金雀花的古拉丁文名字是"Planta genista"，英国著名的"金雀花王朝"即源于此词。金雀花王朝的成员出现在莎士比亚的六部历史剧中，其中包括理查·金雀花，即理查三世（他的遗骸在莱斯特当地的一处停车场被挖出，对于一些英国历史学家来说，可谓21世纪最大发现）。

❖**菖蒲**　见"灯芯草"。

# 牛蒡 (Burdock)

或称 Bur、Burres、Hardock、Harlock

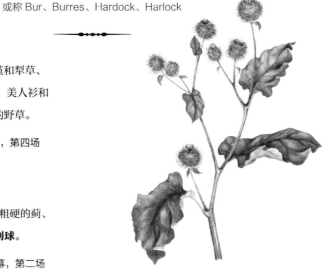

## 考狄利娅

头上插满了恶臭的烟堇和犁草、
还有**牛蒡**、毒芹、荨麻、美人衫和
各种蔓生在粮田间的野草。

——《李尔王》第四幕，第四场

## 勃艮第

遍地只有可恶的酸模、粗硬的蓟、
圆叶草和**牛蒡的刺球**。

——《亨利五世》第五幕，第二场

## 西莉娅

姊姊，这不过是些**刺球**，
为了开玩笑才扔在你身上的；
要是我们不在道上走，
它们就会粘在我们的裙子上。

## 罗瑟琳

粘在外衣上的，我可以把它们抖掉，
但这些**刺球**可是刺在我的心里。

——《皆大欢喜》第一幕，第三场

## 路西奥

不，修士，我是个**刺球**，粘上就甩不掉。

——《一报还一报》第四幕，第三场

## 拉山德

放开，你这只猫、粘人的**刺球**。

——《仲夏夜之梦》第三幕，第二场

## 潘达洛斯

就像**牛蒡的刺球**，粘到身上就甩不掉。

——《特洛伊罗斯与克瑞西达》第三幕，第二场

---

**牛蒡** 虽然考狄利娅是用轻蔑的口吻提到这种野草的（它的拼写方式非常多），但这种植物在其原生地非常迷人（可以用来把头发染成红色）。不过，牛蒡干燥的、未开放的花苞会变成令人生畏的刺球，又长又硬的苞片上带倒钩的尖刺很容易就会挂到附近的任何东西上，所以它常常象征着疯狂的迷恋。

## 地榆 (Burnet)

### 勃艮第

那平坦的牧场，曾经多么美好，

缀满斑驳的黄花九轮草、**地榆**和绿油油的车轴草……

——《亨利五世》第五幕，第二场

## 卷心菜 (Cabbage)

### 埃文斯师傅

少说几句吧，约翰爵士，

说点好花?

### 福斯塔夫

说点好花?! 我还吃点好菜呢。

——《温莎的风流娘儿们》第一幕，第一场

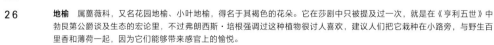

**地榆** 属蔷薇科，又名花园地榆、小叶地榆，得名于其褐色的花朵。它在莎剧中只被提及过一次，就是在《亨利五世》中勃艮第公爵谈及生态的宏论里，不过弗朗西斯·培根强调过这种植物很讨人喜欢，建议人们把它栽种在小路旁，与野生百里香和薄荷一起，因为它们能够带来感官上的愉悦。

**卷心菜** 在英文中也写作 Cole、Worts、Coleworts 等。在《温莎的风流娘儿们》中，当埃文斯师傅用浓重的威尔士口音把 "good words"（好话）说成 "good worts" 时，福斯塔夫取笑他不如吃点 "好菜"（good cabbage）。卷心菜是村舍田园的必备食物，也是穷人家常用的菜汤原料。杰拉德还重点指出了它对于视力衰弱有治疗作用，同时提到它的籽可以祛斑。

❖ **烂花（Canker-Bloom / Canker-Blossom）** 烂花本身并非一种花，却被提到多次，所以值得收录。"Canker" 的意思是没有愈合的伤口，通常由于细菌或者真菌感染，伤口溃烂、化脓并最终致死。莎士比亚用植物花朵的溃疡病做比喻，有时候具有喜剧效果，但大多数营造了悲剧气氛。

# 洋甘菊（Camomile）

————◆◆◆◆————

### 福斯塔夫

虽然**甘菊**越被人踩，就长得越快，

但青春可是越浪费，就越容易流逝。

——《亨利四世》上篇，第二幕，第四场

# 续随子 [4]/刺山柑（Caper）

————◆◆◆◆————

### 安德鲁·艾古契克爵士

你放心，我能跳**续子**舞把脚往后踢的。

### 托比·贝尔奇爵士

我会**续子**炒羊肉。

### 安德鲁·艾古契克爵士

……不如咱们就酒肉歌舞一番吧？……

### 托比·贝尔奇爵士

不，老兄，得用小腿和大腿，

跳个**续子**舞给我看。

哈哈！跳得高些！哈哈！好极了！

——《第十二夜》第一幕，第三场

---

**洋甘菊（变形为 Chamomile）** 16 世纪的一种地被植物，是具有舒缓效果的芳香草药。在 10 世纪，盎格鲁-撒克逊的草药学书《治疗法》里提到了九种神奇药草，洋甘菊排名第五。它象征着能量以及谦卑，因为它被践踏得越厉害，就会生长得越快、越茁壮、越芳香。

**续随子／刺山柑** 一种类似黑莓刺丛的灌木，花苞通常被腌制成调味料或者配菜。由于它经常被当作搭配羊肉的酱料，托比爵士才说了那句双关语——"Caper"也是一个马术用语，来自 16 世纪法语中的"capriole"一词，指传统马术中马后肢蹬地跃起的动作。

# 藏掖花

# (Carduus Benedictus)

圣蓟（Holy Thistle），又译作"培尼狄克花"

### 玛格丽特

弄一点**藏掖花**的药水敷在胸口上，

这是焦虑的唯一解药。

### 希罗

你这句话可真是像**蓟**刺一样戳她心了。

### 碧阿翠斯

培尼狄克！

为什么是培尼狄克花？！

你提到培尼狄克一定是有什么寓意。

### 玛格丽特

寓意？没有，我只是实话实说，

我什么寓意都没有。

我说的就是**圣蓟**这种东西而已。

——《无事生非》第三幕，第四场

　**藏掖花**　在 1578 年出版的《穷人的珍宝》中，托马斯·布拉斯布里奇对藏掖花的好处赞赏有加，称其为一种具有医疗效果的"草药"。它也叫作圣蓟。在莎士比亚的文字游戏中，玛格丽特用它治疗碧阿翠斯的"焦虑"，是在挪揄她疾病的始作俑者，那位让她爱恨交加的培尼狄克——藏掖花的名称中包含了发音相似的"Benedictus"一词。

# 康乃馨 (Carnations)

香石竹（Gillyvors）[5]，或称 Pinks

———◆◆◆◆———

### 潘狄塔

当令最美的花卉是我们的**康乃馨**和**香石竹**，

有人称后者为大自然的私生子。

——《冬天的故事》第四幕，第四场

### 波力克希尼斯

那么在你的园里多种些**香石竹**，

不要叫它们私生子吧。

——《冬天的故事》第四幕，第四场

### 老板娘（快嘴桂嫂）

他就是受不了**"康乃馨色"**，

这种颜色他一向最讨厌。

——《亨利五世》第二幕，第三场

### 考斯塔德

请问先生，一份酬劳可以

买多少**康乃馨**色的丝带？

——《爱的徒劳》第三幕，第一场

❦❧

### 罗密欧

这是个很礼貌的解释。

### 茂丘西奥

没错，我的礼貌最**粉**嫩。

### 罗密欧

是指鲜花的**粉**嫩吗？

### 茂丘西奥

是的。

### 罗密欧

这样啊，那我的鞋子上已经镶满花了。

——《罗密欧与朱丽叶》第二幕，第四场

❦❧

### 男孩（唱）

**石竹花儿**花香淡淡。

——《两贵亲》第一幕，第一场

---

**康乃馨**　康乃馨的颜色（或浅或深的玫瑰色）在莎士比亚的作品中被提及过两次，福斯塔夫讨厌这种颜色，但是考斯塔德想要这种颜色的绸带（它是一种宫廷中很时兴的颜色，伊丽莎白女王在位期间，被人赠予康乃馨色的衣服足有一百多次）。作为一种花卉，康乃馨在潘狄塔的演说中与香石竹（也就是七月花）一同出现，被形容为"大自然的私生子"。虽然植物嫁接被认为是渎神的，是在违背上帝与自然的法则，但潘狄塔未来的公公却在一段充满隐喻的台词中，推崇通过嫁接使自然与艺术结合的做法。这两种花都为石竹属（Pinks，也有"粉色"之意），罗密欧和茂丘西奥说粗俗笑话时就是利用这一点玩了文字游戏。

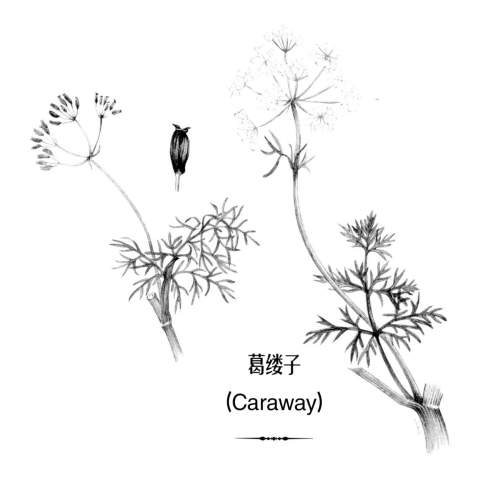

# 葛缕子
# (Caraway)

### 夏禄

不，您必须瞧瞧我的园子，

我们可以在那儿的一座凉亭里

吃几个我去年嫁接的皮平苹果，

另外再随便吃些**葛缕子**之类的东西。

——《亨利四世》下篇，第五幕，第三场

### 台维

请您尝尝这一盘**葛缕子**。

——《亨利四世》下篇，第五幕，第三场

---

**葛缕子**　这种经常被误认为种子的小果实跟茴香是近亲，它被制作成一种蜜饯（Comfit，参见"糖"条目），帮助遮掩嘴里蛀牙发出的臭味，并且经常与苹果搭配。托马斯·考根在 1584 年出版的《健康避难所》一书中，很有帮助地提到了"所有胀气的食物，都会伴随着消气的食物一起食用"。由于葛缕子有柔软又坚韧的外壳，可以由此推断，莎剧中的"Leather-coat"指的实际上是葛缕子，而不是所谓的皮衣苹果。

# 胡萝卜
# (Carrot)

### 埃文斯师傅

记住，威廉，"称呼格"日"无"。

### 快嘴桂嫂

"**胡**"萝卜的根才好吃呢。

——《温莎的风流娘儿们》第四幕，第一场

**胡萝卜（变形为 Caret）** 平民餐桌上常见的一种根茎类蔬菜。埃文斯师傅在拉丁文课上用浓重的威尔士口音对威廉说"无称呼格"的时候，快嘴桂嫂就玩了一把谐音梗。杰拉德提到黄色和红色的人工栽培胡萝卜可以入药或者做菜，白色的野生胡萝卜也一样。

# 雪松（Cedar）

◆━━◆◆◆━━◆

### 波赛摩斯

当庄严的**雪松**上砍下的枝条

久死而复生、重返故株发荣滋长之时……

——《辛白林》第五幕，第四场

### 华列克

它好比是山峰上的一棵**雪松**，

历经狂风暴雨，仍然青枝绿叶巍然屹立。

——《亨利六世》中篇，第五幕，第一场

**雪松**　一种常绿的针叶树，因伟岸著称。莎士比亚几次引用了《圣经》中对它高大、强壮、长寿的描述，以其象征古老的家族。

### 普洛斯彼罗

连根拔起苍松和**雪松**。

——《暴风雨》第五幕，第一场

### 华列克

巍峨的**雪松**到头来还是要断送在樵夫的利斧之下。

在它的枝头曾经栖息过雄鹰，在它的树荫下曾有狮子睡眠，

它的顶梢曾经俯视过枝叶茂密的丹桂，

在它的荫庇之下丛生的杂树得以度过严冬。

——《亨利六世》下篇，第五幕，第二场

### 克兰默

他必将昌盛，并且像山顶的**雪松**一样，

用它茂盛的枝叶荫覆周围的平野。

——《亨利八世》第五幕，第五场

### 预言者

庄严的**雪松**就代表着你，尊贵的辛白林，

被砍下的枝条就是你的两个儿子。

他们被培拉律斯偷走，

大家都以为他们早就死去了，

现在又复活过来，

与伟岸的**雪松**重新接合，

他们的后代将为不列颠带来和平与繁荣。

——《辛白林》第五幕，第五场

### 杜曼

像**雪松**一般亭亭直立。

——《爱的徒劳》第四幕，第三场

### 葛罗斯特

不过我生来高贵，雄鹰之子筑巢于**松柏**之巅，

与劲风较量，并斥责太阳。

——《理查三世》第一幕，第三场

### 科里奥兰纳斯

让作乱的狂风弯折凌霄的**松柏**，

去打击赤热的太阳吧。

——《科里奥兰纳斯》第五幕，第三场

### 泰特斯

玛克斯，我们不过是些小小的灌木，

并不是参天的**松柏**。

——《泰特斯·安德洛尼克斯》第四幕，第三场

### 狱卒的女儿

我把他送到一棵**雪松**那里，

它比别的树都高，像撑开的悬铃伞，

紧挨着小溪。

——《两贵亲》第二幕，第六场

太阳初升，威仪俨俨，步履安详，气度雍容，

目光四射，辉煌地看着下界的气象万种，

把**雪松**的树巅与山顶，都映得黄金一般灿烂光明。

——《维纳斯与阿多尼斯》

**雪松**不会从高处向灌木丛弯腰，

低矮的灌木却会在**雪松**的根部枯萎。

——《鲁克丽丝》

33

# 樱桃（Cherry）<sup>6</sup>

### 海丽娜

我们一起生长，像是并蒂的**樱桃**，

看似分开，其实是连在一起的；

我们是结在同一根茎上的两颗可爱果实。

——《仲夏夜之梦》第三幕，第二场

### 老妇人

她跟您长得再像不过，

就像一颗**樱桃**和另一颗**樱桃**。

——《亨利八世》第五幕，第一场

### 迪米特律斯

你的嘴唇，那吻人的**樱桃**，

瞧上去是多么成熟，多么诱人！

——《仲夏夜之梦》第三幕，第二场

### 王后甲

哦，当她那两片红**樱桃**

将甜蜜滴上您贪婪的双唇……

——《两贵亲》第一幕，第一场

---

**樱桃**　自从樱桃那饱满的红色被用来形容嘴唇开始，它就成为诗歌中不可或缺的元素。由于樱桃会成双成对地长在一根枝茎上，它们也被用来形容亲密的关系或相似性。亨利八世时期樱桃很受欢迎，长久以来这种水果也象征着贞操（一首关于樱桃和童贞圣母的歌谣自中世纪起就已经在流传），这也让它成为"童贞女王"伊丽莎白一世服饰上适用的图案。不过有一种"投樱桃核"的游戏（把樱桃核投进一个小孔，与弹珠游戏类似）则被视作魔鬼的把戏。

### 提斯帕

我的**樱**唇常跟你的砖石亲吻，

与你编结的毛发和石灰胶着在一起的砖石。

——《仲夏夜之梦》第五幕，第一场

### 葛罗斯特

我们说休亚夫人有一双俊秀的脚、

**樱桃**小口、妩媚的眼、十分悦耳的声调。

——《理查三世》第一幕，第一场

### 提斯帕

嘴唇像百合花开，

鼻子像**樱桃**可爱，

面孔像莲香花般美丽，

全都不见了，不见了。

——《仲夏夜之梦》第五幕，第一场

### 康斯坦丝

赏给你一颗梅子、一粒**樱桃**和一枚无花果。

——《约翰王》第二幕，第一场

### 求婚者

我会带来一群姑娘，

一百个像我一样爱他的黑眼睛的姑娘，

她们的头上都戴着黄水仙的花环，

有**樱桃**般的小口、

锦缎般柔滑的绯色脸颊。

——《两贵亲》第四幕，第一场

### 大德洛米奥

有的魔鬼只向人要一些指甲头发，

或者一根菖蒲、一滴血、一枚针、

一颗榛果、一粒**樱桃**核。

——《错误的喜剧》第四幕，第三场

### 托比·贝尔奇爵士

嘿，老兄！

跟魔鬼在一起玩投**樱桃**核的游戏可不对。

吊死他，该死的黑鬼！

——《第十二夜》第三幕，第四场

### 高沃

她能用针线绣出巧夺天工的枝头小鸟、

浆果花苞。她绣的玫瑰与实物犹如姐妹，

她用丝麻绣的紫红的**樱桃**栩栩如生。

——《泰尔亲王佩里克利斯》第五幕，第一场

有他在附近，鸟儿们就大喜过望，

有些唱歌，有些用它们的喙，

给他衔来桑葚和紫色的**樱桃**。

他喂它们以秀色，它们给他浆果吃饱。

——《维纳斯与阿多尼斯》

# 栗子〔Chestnut〕<sup>7</sup>

## 女巫甲

一个水手的老婆，

膝头放着一堆**栗子**，

在那儿吃，吃，吃。

——《麦克白》第一幕，第三场

## 彼特鲁乔

你们现在非要跟我说女人的口舌有多厉害，

就是把一枚**栗子**丢在火里，

那爆声也要响得多吧。

——《驯悍记》第一幕，第二场

## 罗瑟琳

凭良心说一句，他头发的颜色很好。

## 西莉娅

那颜色好极了，**栗子**色是最好的颜色。

——《皆大欢喜》第三幕，第四场

---

36　　**栗子**　英格兰境内几个世纪以来都遍布着生长繁茂的栗子树与核桃树。甜美的栗子可以做成甜品，也可以储存留备食物短缺的月份食用。烤栗子在当时很流行，炙烤过程中伴有《驯悍记》中彼特鲁乔所说的巨大爆开声。栗子的外皮是红褐色的，也是《皆大欢喜》中奥兰德的发色。

# 车轴草 (Clover)

## 勃艮第

那平坦的牧场，曾经多么美好，

缀满斑驳的黄花九轮草、地榆和绿油油的**车轴草**……

——《亨利五世》第五幕，第二场

# 丁子香 (Clove)

## 俾隆

一只柠檬。

## 朗格维

里头塞着**丁子香**。

——《爱的徒劳》第五幕，第二场

---

**车轴草**　这种植物纤弱、芳香，经常被种在沙土地与草坪上作为牛羊的饲料。曾经有人认为莎剧中提到的 "Honey-stalks"
也指车轴草，不过最近的研究发现，这种源自18世纪的说法毫无根据。
**丁子香**　指丁子香树上尚未开放的花蕾。丁子香树是东印度群岛自古经常进口英国的一种常绿植物。丁子香可以药用也可
以食用（苹果派中几乎都要加入丁子香），当时人们也会将丁子香塞入柑橘类水果中做香氛使用。

# 麦仙翁（Cockle）

### 俾隆

去！去！

播下**麦仙翁**，哪能收起佳禾？

——《爱的徒劳》第四幕，第三场

### 科里奥兰纳斯

我们因为屈尊纡贵，与他们降身相伍，

已经亲手播下了叛乱、放肆和骚扰的祸根，

要是再对他们姑息纵容，

那么这些**麦仙翁**更将滋蔓横行，

危害我们元老院的权力。

——《科里奥兰纳斯》第三幕，第一场

### 狱卒的女儿

现在至少有两百个姑娘怀了他的孩子——

四百个是一定有的，

但是我为所有这一切保守秘密，像**鸟蛤的壳**一样紧密。

——《两贵亲》第四幕，第一场

### 奥菲利娅（唱）

我怎样去辨别真正的情郎？

记着他的**仙翁**帽、拐杖，还有草鞋一双。

——《哈姆雷特》第四幕，第五场

**麦仙翁** 作为禾本科植物中一种开花的野草，麦仙翁的外形精致迷人，却是一种有毒的植物。与毒麦相似，如果麦仙翁出现在庄稼地里，往往意味着需要付出大量的体力劳动才能将之清除。麦仙翁的存在可以用来象征某种天性的堕落，这就是为什么它会出现在莎剧中的两个疯女孩——奥菲利娅和狱卒女儿的胡言乱语中。不过，"cockle"一词也指一种贝壳，狱卒的女儿台词中提到的"cockle"应该指的是贝壳，而非植物。

# 药西瓜
# (Coloquintida)

---

## 伊阿古

现在他吃起来像长角豆一样美味的食物，

不久便要变得像**药西瓜**一样涩口了。

——《奥赛罗》第一幕，第三场

# 楼斗菜 / 楼斗花 [8] (Columbine)

---

## 亚马多

我就是那花——

## 杜曼

那薄荷花。

## 朗格维

那**楼斗花**。

——《爱的徒劳》第五幕，第二场

## 奥菲利娅

这儿有茴香，还有**楼斗花**，给您。

——《哈姆雷特》第四幕，第五场

---

**药西瓜** 别名"苦苹果"，但实际上是一种西瓜，原本种植于塞浦路斯或西班牙，所以由伊阿古提到这种植物是很合适的。莎士比亚同时期的作家，比如约翰·李利和罗伯特·格林，也记录了药西瓜的苦味与毒性。杰拉德则警告说，它是一种效果很猛烈的泻药。

**楼斗菜 / 楼斗花** 这种可以在园中栽种也可以在野外生长的植物，或许因为花瓣的形状像鹰爪，所以被称为 Aquilegia（拉丁文学名属名，意为"鹰爪"）。也有人觉得它像飞翔中的鸽子（Columba 在拉丁文中意为鸽子）。当时它也可能被称为 Chelidonia（"麻雀"的意思），"因为它是在麻雀出现的时节开花"，据说有恢复麻雀视力的功效。这是个有意思的说法，尤其是哈姆雷特在剧中最后一幕有"一只麻雀掉下来"的台词。五枚花瓣弯曲的、牛角一样的尖端把楼斗菜和"私通"联系起来，而奥菲利娅发疯时曾拿楼斗菜送人，这一行为背后的含义一直有众多解读。楼斗菜还作为一种图案标志，出现在兰开斯特王朝和德比家族的徽章上。它是毛茛科植物，所以也是乌头的近亲，是有毒性的。

# 软木（Cork）⁹

---

### 罗瑟琳

我请求你拔去你嘴里的**软木**塞，

让我听听你怎么喷吧。

——《皆大欢喜》第三幕，第二场

### 牧羊人之子（小丑）

正像你把一块**软木**塞丢在一个大桶里一样。

——《冬天的故事》第三幕，第三场

### 康华尔

把他**软木**塞般枯糟的手臂牢牢绑起来。

——《李尔王》第三幕，第七场

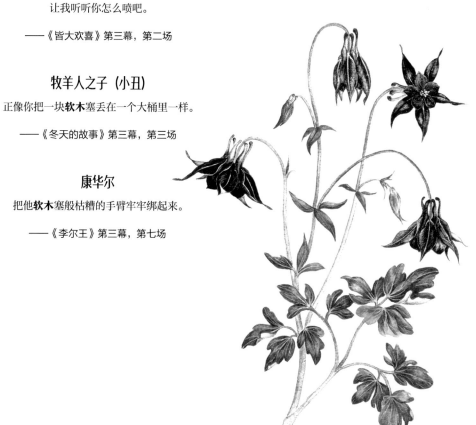

**软木** 杰拉德在他的《植物志》里详细描述了这种地中海树木。它海绵般厚实且轻盈的树皮很适合做女士的鞋跟和保暖内衬，因为珍贵而出现在了进贡给伊丽莎白女王的礼品名录上。不过从古至今，它的主要用途是做瓶塞。

# 谷子（Corn）

---

### 贡柴罗

金属、**谷子**、酒、油都没用。

——《暴风雨》第二幕，第一场

### 贞德

你们要装作乡下人的口气，

装作是进城卖**粮食**的。

——《亨利六世》上篇，第三幕，第二场

### 提泰妮娅

扮作牧人的样子，整天吹着**麦**笛、

唱着情歌，和风骚的牧女调情。

——《仲夏夜之梦》第二幕，第一场

### 提泰妮娅

农夫枉费了他的血汗，

青青的嫩**禾**还没有长上芒须便腐烂了。

——《仲夏夜之梦》第二幕，第一场

### 爱德华

正当强大的敌人十分猖狂的时候，

我们就像秋天收割**庄稼**一样把他们铲除了！

——《亨利六世》下篇，第五幕，第七场

### 文森提奥公爵

要收获**谷实**，还得等待我们去播种。

——《一报还一报》第四幕，第一场

### 歌

### （童甲／童乙）

走过了青青**稻麦**田，

春天是结婚的好时节。

——《皆大欢喜》第五幕，第三场

### 贞德

都是可怜的小贩，来卖**粮食**的。

——《亨利六世》上篇，第三幕，第二场

### 贞德

英雄们，早安！你们想买点儿**粮食**

蒸馍馍吃吗？

——《亨利六世》上篇，第三幕，第二场

### 勃艮第

我不久就要用你自己的**粮食**堵住你的嘴，

叫你咒骂你自己的收成。

——《亨利六世》上篇，第三幕，第二场

---

**谷子** "Corn" 现在一般指玉米，但在莎剧中是对谷类作物的统称，特别是指主要农作物，或者任何需要碾磨的农作物，无论是小麦、黑麦、燕麦还是大麦。莎士比亚作品中多次提及的"谷子"一词引起了当代读者的一些疑惑。真正的玉米（在英国曾被称为"土耳其谷"）又叫苞谷，是 16 世纪被引入英格兰的——杰拉德 1597 年出版的《植物志》封面中，神秘的"第四个人"左手就握着玉米。杰拉德详尽地回溯了这种作物的发源地和流传路径，从土耳其开始（因此才被称作"土耳其谷"），再到亚洲和美洲。杰拉德称之为"土耳其小麦"，这或许会令读者更加困惑。他还解释了自己种植这种作物的经验，虽然直到 17 世纪晚期，玉米才作为粮食被广泛种植。谷子的价格和存量直接关系到王国的稳固。16 世纪 90 年代爆发的谷物叛乱（在《亨利六世》和《科里奥兰纳斯》中有所涉及）促使 1597 年女王的财务大臣伯利在议会上发表演讲时提道："那是由于谷物的高价与稀缺，导致穷人们活不下去而发出的可悲呼号。"

### 公爵夫人

我的夫主，你怎么耷拉着脑袋，

　　好像熟透了的**谷**穗一般？

——《亨利六世》中篇，第一幕，第二场

### 华列克

他平日修整的胡须变得凌乱不堪，

　　好像夏天暴风雨经过的**粮**田。

——《亨利六世》中篇，第三幕，第二场

### 毛勃雷

我们将会遇到那么狂暴的风，

　　把我们的**谷**粒吹得像糠一样轻。

——《亨利四世》下篇，第四幕，第一场

### 麦克白

即使**稻谷**的叶片会倒折在田亩上，

　　树木会连根拔起……

——《麦克白》第四幕，第一场

### 朗格维

他把**谷子**都除掉了，

　　却让野草蔓生。

——《爱的徒劳》第一幕，第一场

### 俾隆

去！去！播下麦仙翁，哪能收得起佳**禾**？

——《爱的徒劳》第四幕，第三场

### 爱德加

你睡着还是醒着，牧羊人？

　　你的羊儿在**麦**田里跑。

——《李尔王》第三幕，第六场

### 考狄利娅

各种蔓生在**粮**田间的野草。

——《李尔王》第四幕，第四场

### 迪米特律斯

先把**谷**粒打出，然后再把稻草烧去。

——《泰特斯·安德洛尼克斯》第二幕，第三场

### 玛克斯

啊！让我教你们怎样把这一束

散乱的**禾秆**重新集合起来。

——《泰特斯·安德洛尼克斯》第五幕，第三场

### 佩里克利斯

我们的船……

满载着供你们烤面包用的**粮食**。

——《泰尔亲王佩里克利斯》第一幕，第三场

### 马歇斯

天神降下**五谷**，不是单为富人。

——《科里奥兰纳斯》第一幕，第一场

### 克里翁

曾经用贵国的**粮食**赈济我们的陛下。

——《泰尔亲王佩里克利斯》第三幕，第三场

### 马歇斯

伏尔斯人有许多**粮食**。

——《科里奥兰纳斯》第一幕，第一场

### 市民甲

我们把他杀了，

就能自己给**粮食**定价钱。就这么说？

——《科里奥兰纳斯》第一幕，第一场

### 市民甲

有一次我们为了**粮食**反抗起来。

——《科里奥兰纳斯》第二幕，第三场

### 米尼涅斯

按他们自己的价格买**粮食**。

——《科里奥兰纳斯》第一幕，第一场

### 勃鲁托斯

……还说不久前分配**粮食**时您口出怨言。

——《科里奥兰纳斯》第三幕，第一场

### 科里奥兰纳斯

还跟我提**粮食**的事!

——《科里奥兰纳斯》第三幕，第一场

### 科里奥兰纳斯

无论是谁提议，

让执政的人开仓放**粮**，

像希腊以前那样。

——《科里奥兰纳斯》第三幕，第一场

### 科里奥兰纳斯

他们知道这些**粮食**……

会白白给他们……他们这种表现，

是不配得到免费的**粮食**的。

——《科里奥兰纳斯》第三幕，第一场

### 克兰默

我十分庆幸能够获得这样一个好机会，

像**谷子**一样彻底扬一扬，

把我身上的麸皮和**谷**粒分开。

——《亨利八世》第五幕，第一场

### 克兰默

她的敌人将在她面前战栗，

像田里倒翻的**庄稼**，悲哀地垂下头来。

——《亨利八世》第五幕，第五场

### 理查二世

让我们用可憎的眼泪和叹息造成一场狂风暴雨，

摧折那盛夏的**庄稼**。

——《理查二世》第三幕，第三场

### 阿赛特

我曾跑得比吹过田野的风还要快，

踏弯了沉甸甸的**谷穗**……

——《两贵亲》第二幕，第三场

就好比稀稀**禾**苗被萋萋恶草掩蔽，

审慎的顾虑几乎被猖狂的欲念窒息。

——《鲁克丽丝》

# 黄花九轮草 (Cowslip)[10]

又译作"莲香花"

### 勃艮第

那平坦的牧场，曾经多么美好，

缀满斑驳的**黄花九轮草**、

地榆和绿油油的车轴草……

——《亨利五世》第五幕，第二场

### 王后

紫罗兰、**黄花九轮草**、报春花，

都给我拿到我的房间里去。

——《辛白林》第一幕，第五场

### 阿埃基摩

在她的左胸还有一颗梅花形的痣，

就像**黄花九轮草**花心里的红点一般。

——《辛白林》第二幕，第二场

### 爱丽儿

蜂儿吮啜的地方，我也在那儿吮啜；

在一朵**莲香花**的花冠中我躺着休息。

——《暴风雨》第五幕，第一场

### 提斯帕

面孔像**莲香花**般美丽。

——《仲夏夜之梦》第五幕，第一场

### 小仙

亭亭的**莲香花**是她的近侍，

黄金的衣上饰着点点斑痣。

那些是仙人们投赠的红玉，

中藏着一缕缕的芳香馥郁。

我要在这里访寻几滴露水，

给每朵花挂上珍珠的耳坠。

——《仲夏夜之梦》第二幕，第一场

**黄花九轮草**　作为牛唇报春和欧报春的近亲，这种英国本地生的春季花卉最显著的特征就是长有"雀斑"，也就是花心中央有五个细微的红色斑点，莎剧中的一个情节即与此有关（《辛白林》）。莎士比亚将这种花的钟状花萼（昵称"仙女杯"）描写成一个可以供精灵筑巢的小窝，而被称为"红宝石"的红色斑点则具有清洁功效。在《仲夏夜之梦》中，这种花被形容为仙后提泰妮娅的高大近侍。这并不算是异想天开：伊丽莎白女王的侍卫总是"王国里个子最高、姿态最优雅的绅士"，而黄花九轮草也是七彩绣像里出现在伊丽莎白衣服上的绣花之一。

# 野酸果

# (Crab-apple)

### 迫克

有时我化作一颗焙熟的**野酸果**，

躲在老太婆的酒碗里，

等她举起碗想喝的时候，我就啪地弹到她嘴唇上，

把一碗麦酒都倒在她那皱瘪的喉皮上。

——《仲夏夜之梦》第二幕，第一场

### 米尼涅斯

我们城里有几棵老**酸果**树，

但应该也不会合你们的口味。

——《科里奥兰纳斯》第二幕，第一场

### 萨福克

在高贵的枝干上嫁接了一根**野酸果**的枝条，

最后结出的果实就是你。

——《亨利六世》中篇，第三幕，第二场

### 冬之歌

炙烤的**野酸果**在锅内吱喳，

大眼睛的猫头鹰便夜夜喧哗。

——《爱的徒劳》第五幕，第二场

46 　**野酸果**　应指欧洲野苹果。欧洲野苹果树是人工培植的苹果树的先祖，这种英国原生的果树被当成砧木，用来嫁接新品种的苹果。欧洲野苹果在莎士比亚的作品中经常出现，有时被简称为 "Crabs"，口感很酸，因此如今我们也会用这个词形容人 "尖酸"（crabby）。这种水果果肉很硬，外形难看，因此食用时必须烤制，捣碎成果泥也是一种方法，还可以制作酸果汁，作为一种烹饪、腌制时使用的醋，此外还可药用。据盎格鲁－撒克逊的《治疗法》记载，欧洲野苹果树（杰拉德叫它"Wilding Tree"）的树干特别坚硬，是制作拐杖及桶板的好材料。

### 弄人

你到了另一个女儿那里，

就能知道她待你怎么样了。

因为她虽然跟这一个女儿就像**野酸果**

跟家苹果一样相似，

但我总可以告诉你我知道的事情。

### 李尔

哟，你还能告诉我什么我不知道的事情吗？

### 弄人

你会尝到，她的滋味跟这一个完全相同，

正像一只**野酸果**和另一只**野酸果**一样。

——《李尔王》第一幕，第五场

### 凯列班

请您让我带您到长着**野酸果**的地方。

——《暴风雨》第二幕，第二场

### 门房

给我找六七根**野酸果**树做的棍子来，结实点儿的。

——《亨利八世》第五幕，第四场

### 彼特鲁乔

好了好了，凯特，请不要这样横眉怒目的。

### 凯瑟丽娜

我看见了一只**野酸果**，总会这样的。

### 彼特鲁乔

这里没有**野酸果**，你应当和颜悦色才是。

——《驯悍记》第二幕，第一场

### 霍罗福尼斯

一下子就像一个**野酸果**一样，

落到平陆、原壤、土地的面上。

——《爱的徒劳》第四幕，第二场

# 皇冠贝母

# (Crown Imperial)

潘狄塔

挺拔的牛唇报春和**皇冠贝母**。

——《冬天的故事》第四幕，第四场

**皇冠贝母** 这是莎剧中出现的第二种贝母植物（第一种是花格贝母）。它唯一一次被提及是在《冬天的故事》中，用来描述乡村场景。这种植物是 1580 年从君士坦丁堡传入英格兰的。1595 年，剧作家乔治·查普曼在《奥维德的感官盛宴》中称它为 "美妙的皇冠贝母，帝王之花"。它巨大的金色花朵在植株顶端形成一个圆环，就像一顶王冠，绿色的叶簇从圆环中间向四周延伸。不过据传说，虽然这种花在客西马尼园中备受喜爱，但在最后一夜，耶稣被带走时，所有的花朵都垂下头表示哀伤，只有皇冠贝母没有。当最终注定要凋萎时，它甚至分泌出了一种泪水般的物质。杰拉德似乎并没有注意到它与花格贝母之间的亲戚关系，皇冠贝母也出现在了他的著作《植物志》的封面上。

# 乌鸦花
## (Crow-flowers)

### 格特鲁德

在那儿，她用**乌鸦花**、荨麻、雏菊

与紫兰编织了一些绮丽的花圈。

——《哈姆雷特》第四幕，第七场

# 布谷蕾
## (Cuckoo-buds)

### 春之歌

杂色的雏菊，蓝的紫罗兰，

美人衫纯然的银白，

**花蕾**娇黄的一片，

把草原涂染得令人愉快。

——《爱的徒劳》第五幕，第二场

---

**乌鸦花**　《哈姆雷特》中，王后格特鲁德描述奥菲利娅制作的花环时，提到了这种花朵。它究竟为何种植物一直是个谜，但是杰拉德认为它应该是布谷鸟剪秋罗（Ragged-robin），一种精巧的湿地花朵。

**布谷蕾**　英格兰原产的一种毛茛。

❖ **布谷鸟花**　见"美人衫/布谷鸟花"。

# 红醋栗（Currants）[11]

### 牧羊人之子（小丑）

我要给咱们剪羊毛庆典的宴会买些什么东西呢？

三磅糖、五磅**小葡萄干**。

——《冬天的故事》第四幕，第三场

### 瑟修斯

我在你**红醋栗**般鲜艳的唇上印下这一个吻。

——《两贵亲》第一幕，第一场

# 聚伞花（Cyme）

番泻叶（Senna）

### 麦克白

要用什么样的大黄或者**番泻叶**，

或者什么别的泻药，

才能把这些英格兰的毒素都排掉？

——《麦克白》第五幕，第三场

**红醋栗** 英国的红醋栗（红茶藨子）类似于鹅莓，生长在英国大部分地区的野外，似乎直到 16 世纪才被人工种植。杰拉德提到，它在伦敦的花园里是一种小粒果实，"没有刺……呈现完美的红色"，在《两贵亲》里也有类似描述。不过艾拉柯恩比教士坚称，《冬天的故事》中小丑要购买的是来自柯林斯的商用醋栗（Vitis Corinthiaca），在 13 和 14 世纪，它被称为柯万茨葡萄干。

❖ **丘比特花** 见 "三色堇"。

**聚伞花** 《莎士比亚全集：第一对开本》中就有聚伞花出现，后来被改为 "番泻叶"，人们猜测 "Cyme" 是 "Cynne" 之误，而后者是 "番泻叶" 一词的古时拼法。虽然番泻叶直到 17 世纪中期才被引入英国，但其通便的用途在前古典时期就有记载。

# 柏树 (Cypress) <sup>12</sup>

或称 Cyprus

---

### 萨福克

叫他们最舒适的住处都变成墓道旁的**柏树**林!

——《亨利六世》中篇，第三幕，第二场

### 小丑 (唱)

让我长眠于哀伤的**柏**木灵柩中。

——《第十二夜》第二幕，第四场

### 奥莉薇娅

对你这样聪明的人，我已经表示得够多了;

我的心并非隐藏在胸膛里，

而是**黑纱**中。

——《第十二夜》第三幕，第一场

### 奥托里古斯

白布白，像雪花，**黑纱**黑，似乌鸦。

——《冬天的故事》第四幕，第四场

### 奥菲迪乌斯

我在**柏树**林里等着。

——《科里奥兰纳斯》第一幕，第十场

### 葛莱米奥

象牙的箱子里满藏着金币，

**柏**木橱里堆垒着锦毡绣帐……

——《驯悍记》第二幕，第一场

---

**柏树** 这是一种常绿树木，来自意大利或地中海其他地区，特别是塞浦路斯，树叶色泽深绿，树枝如铅笔粗细。它具有防腐效果，因此是做储藏柜的理想木材。瘟疫时期人们会在地上遍撒柏树针叶，作为哀悼仪式的一部分。它代表着与死亡有关的种种情绪，从哀伤到神圣，"cypress"一词因此也有致哀黑纱的意思。

# 黄水仙（Daffodil）

水仙（Narcissus）

### 潘狄塔

**黄水仙**在燕子未敢归来前就已经绽放，

用美丽迎接三月的风。

——《冬天的故事》第四幕，第四场

### 求婚者

她们的头上都戴着**黄水仙**的花环。

——《两贵亲》第四幕，第一场

### 艾米丽娅

这个花园里有全世界的奇花异草。这是什么花?

### 侍女

这花叫作**水仙**，小姐。

### 艾米丽娅

不就是那个漂亮男孩的名字吗?

可他也是个只爱自己的傻瓜，是因为女人不够多吗?

——《两贵亲》第二幕，第二场

### 奥托里古斯

当**黄水仙**倏然绽放，

山谷里也充满了骚荡，

啊，迎来了一年里最好的时光。

——《冬天的故事》第四幕，第三场

**黄水仙** 一种野生于森林中的花卉，被栽种于精致的花园中增添色彩。这种植物花期很早，水仙绽放总是春天到来的愉快先兆。不过因为 "Narcissus" 一名来自希腊神话中自恋的那耳喀索斯，这种花也代表愚蠢。

# 雏菊 (Daisies)

---

### 春之歌

杂色的**雏菊**，蓝色的紫罗兰，

美人衫纯然的银白……

——《爱的徒劳》第五幕，第二场

### 奥菲利娅

这儿有一朵**雏菊**。

——《哈姆雷特》第四幕，第五场

### 格特鲁德

在那儿，她用乌鸦花、荨麻、**雏菊**

与紫兰编织了一些绮丽的花圈。

——《哈姆雷特》第四幕，第七场

### 路歇斯

让我们找一块**雏菊**开得最可爱的土地，

用我们的戈矛替他掘一个坟墓。

——《辛白林》第四幕，第二场

她的另一只纤手，在床边静静低垂，

映衬着淡绿的床单，更显得白净娇美，

像四月**雏菊**一朵，

在草原吐露芳菲。

——《鲁克丽丝》

### 男孩（唱）

无味**雏菊**花瓣清雅。

——《两贵亲》第一幕，第一场

---

**雏菊** 雏菊是英国原生植物，在春夏之间开花。雏菊代表清新、纯真和谦逊，不过，由于花期短暂，它也代表着哀悼、悲伤和死亡。

# 毒麦 (Darnel)

## 考狄利娅

**毒麦**和各种蔓生在粮田间的野草。

——《李尔王》第四幕，第四场

## 勃艮第

在那休耕地上，

只见**毒麦**、

毒芹、蔓生的烟堇，

站住了脚、扎下了根。

——《亨利五世》第五幕，第二场

## 贞德

你们想买点儿粮食蒸馍馍吃吗？

我想勃艮第公爵宁可饿死，

也不肯花这么高的价钱买我的谷物。

上次那批谷物里**毒麦**太多了，

你喜欢它的味道吗？

——《亨利六世》上篇，第三幕，第二场

---

**毒麦** 一种禾草或野草，常见于丰收的田地中，毒性很强。它的草籽如果混入了烘焙或者酿酒用的谷物，食用后会引发类似于醉酒的迷幻感及视力模糊，非常危险。手工把毒草籽从谷物里挑拣出去，耗费的时间和精力也令人头疼。参见"麦仙翁"。

# 椰枣（Dates）

## 牧羊人之子（小丑）

我要买些番红花粉来把梨饼着上颜色。肉豆蔻皮？

**椰枣**？不要，我的单子上没有这个。

——《冬天的故事》第四幕，第三场

## 奶妈

点心房里在喊着要**枣子**和榅桲呢。

——《罗密欧与朱丽叶》第四幕，第四场

## 帕洛

**椰枣**的颜色在你的馅饼和你的粥里
都比在你的双颊上显得红润。

——《终成眷属》第一幕，第一场

## 潘达洛斯

你知道怎样才算一个好男子吗？
难道家世、容貌、体格、谈吐、
勇气、学问、文雅、品行、
青春、慷慨等等，
不正像盐和香料给肉调味一样，
塑造了一个男子的品格吗？

## 克瑞西达

是呀，这么说男人就是肉馅啦，
不加**椰枣**就被烤成了肉派，
自然也没什么真材实料可言。

——《特洛伊罗斯与克瑞西达》第一幕，第二场

**椰枣**　一种生长于椰枣树上的异域水果（在南欧、北非和西亚地区常见）。几个世纪以来，椰枣都是很受欢迎的进口货品，盎格鲁－撒克逊人称其为"手指苹果"。

❖ **死人之指**　见"紫兰"。

# 露莓（Dewberries）

———◆◈◆———

### 提泰妮娅

给他吃杏子和**露莓**。

——《仲夏夜之梦》第三幕，第一场

# 酸模（Docks）

———◆◈◆———

### 勃艮第

没什么好生养，没什么好生养。

遍地只有可恶的**酸模**、

粗硬的蓟、圆叶草和牛蒡的刺球。

——《亨利五世》第五幕，第二场

---

　**露莓**　露莓比黑莓成熟更早，它的果实更大，但是每簇的数量更少，绵延的露莓丛也不会长得像黑莓树丛那样茂盛。参见
"黑果越橘"。

❖ **狄安花**　见"苦蒿/苦艾"。

**酸模**　叶宽、根深的野草，喜欢在没有人照料的牧场或者草地上生长。它们通常在蜇人的荨麻周围生长，正好能够用来缓
解被荨麻刺扎后火辣辣的痛感。

# 乌木 (Ebony)

### 费迪南德国王

凭着上天起誓，
你的爱人黑得就像**乌木**一般。

### 俾隆

她像**乌木**？啊，那可是神木哇！
能娶到这样的妻子是无上的幸福。

——《爱的徒劳》第四幕，第三场

### 小丑

它南北向的顶窗像**乌木**一样发着光。

——《第十二夜》第四幕，第二场

### 毕斯托尔

从**乌木**般幽暗的洞府里，
唤醒那手持毒蛇的复仇女神吧……

——《亨利四世》下篇，第五幕，第五场

### 费迪南德国王

**乌木**般漆黑的墨。

——《爱的徒劳》第一幕，第一场

飞向他的应该是爱神的金箭，
而不是死神致命的**乌木**箭。

——《维纳斯与阿多尼斯》

---

**乌木** 莎士比亚提到这种硬木，只是想描述它树干中心木材的颜色，那是一种近乎墨色、有光泽的黑色。《哈姆雷特》中的毒药"Hebenon / Hebona"也被一些人认为是从乌木中提炼的。

# 香叶蔷薇（Eglantine）

## 阿维拉古斯

你不会缺少像你面庞一样惨白的报春花，

也不会缺少像你血管一样蔚蓝的风铃草。

不，你也不会缺少**香叶蔷薇**的绿叶——

不是要侮蔑它，

它的香气还不及你的呼吸芬芳呢。

——《辛白林》第四幕，第二场

## 奥布朗

我知道一处水岸，盛开着野生的百里香，

遍布着牛唇报春和盈盈的紫罗兰，

还有馥郁的金银花、

甜美的蔓生蔷薇和**香叶蔷薇**，

漫天张起了一幅芬芳的锦帷。

——《仲夏夜之梦》第二幕，第一场

**香叶蔷薇** 即 Sweet Brier，这种带有小刺的野生蔷薇因甜美独特的香气受人喜爱，被认为比其他蔷薇气味更佳。这种香气是从它的叶子而不是花朵中散发出来的，也不能被保存提取（因此你永远找不到一款真正的香叶蔷薇香水）。可能这就是为什么伊丽莎白一世除了正式的都铎玫瑰纹章外，也把香叶蔷薇作为私人徽章图案。

# 接骨木（Elder）[13]

## 阿维拉古斯

让那如散发着臭气的**接骨木**的悲哀，

在你那繁盛的藤蔓之下解开它枯萎的败根吧！

——《辛白林》第四幕，第二场

## 萨特尼纳斯

"在那覆罩着巴西安纳斯葬身的地穴的**接骨木**树下，

你只要拨开那些荨麻，便可以找到你的酬劳。

照我们的话办了，你就是我们永久的朋友。"

啊，塔摩拉！你听见过这样的话吗？

这就是那个地穴，

这就是那株**接骨木树**。

——《泰特斯·安德洛尼克斯》第二幕，第三场

## 霍罗福尼斯

您先请吧，先生，您比我大。

## 俾隆

不错，犹大就是在**接骨木树**上吊死的。

——《爱的徒劳》第五幕，第二场

## 威廉斯

区区小百姓居然对国王不乐意，

威力就像**接骨木**玩具枪里射出来的纸弹！

——《亨利五世》第四幕，第一场

## 亨利王子

瞧这**老头儿**心痒难熬，

把他的头发都搔得像鹦鹉头上的羽毛。

——《亨利四世》下篇，第二幕，第四场

## 店主

怎么说，我的罗马医神？

我的希腊医圣？我的**接骨木**医魂？

——《温莎的风流娘儿们》第二幕，第三场

---

**接骨木**　这种英国原生树木在森林和崎岖的荒地中很常见，它有着蜜糖般芳香的花朵与臭烘烘的叶子，两者形成了鲜明对比。莎士比亚借用了"犹大自挂于此树"的传说，以及小男孩常用这种树的树枝制作玩具枪的事实，在几部剧中玩了文字游戏。接骨木被誉为"大自然的药箱"，因此《温莎的风流娘儿们》中，店主在提到卡厄斯医生时，除了称他"罗马医神""希腊医圣"，也叫他"接骨木医魂"。"Elder"一词也有老年人的意思。

# 榆树 (Elm) [14]

### 阿德里安娜

你是**榆树**，我的丈夫，我是葡萄藤，

我的柔弱依托于你的坚强，

让我能够借助你的力量而说话。

——《错误的喜剧》第二幕，第二场

### 提泰妮娅

常春藤也正是这样缱绻着**榆树**皱折的臂枝。

——《仲夏夜之梦》第四幕，第一场

### 波因斯

回答吧，你这老**榆树**，回答！

——《亨利四世》下篇，第二幕，第四场

---

**榆树**　榆树木材珍贵，有装饰价值，现在已经因为染上病害在英格兰灭绝（虽然人们曾经多次试图挽救）。罗马人把它栽种在葡萄园里，因此奥维德曾歌颂榆树与葡萄藤的爱情。

# 滨刺芹 (Eringoes)

### 福斯塔夫

让天上落下催情的甜薯吧，

让雷声和着《绿袖子》的调子，

让糖梅子、**滨刺芹**像冰雹雪花般落下来吧。

——《温莎的风流娘儿们》第五幕，第五场

---

**滨刺芹**　又名海冬青，它在莎士比亚的时代被当作蔬菜培育，也有多种药用价值。莎士比亚是第一个在作品中提到它的人，在福斯塔夫著名的台词里，用蜜糖腌制的滨刺芹根和另外两种流行的春药（甜薯以及一种叫作"糖梅子"的麝香味蜜饯李子）一同出现。

# 茴香（Fennel）

### 奥菲利娅

这儿有**茴香**，还有耧斗花，给您。

——《哈姆雷特》第四幕，第五场

### 福斯塔夫

因为他们两人的腿长得一般粗细。

他掷得一手好铁环儿，

他爱吃鳗鱼和**茴香**。

——《亨利四世》下篇，第二幕，第四场

**茴香** 一种耐寒多年生的香草。茴香籽气味强烈，有助消化。咀嚼茴香籽可以延缓饥饿感，在以豆类为主的饮食中，它还被用作帮助通气的药剂。虽然它属于九种神圣的药草之一，但是杰拉德并没有在《植物志》中提到茴香——这种香草太有名了，他认为写它属于"做无用功"。

# 欧洲蕨 (Fern)

欧洲蕨的孢子（Fern-seed）

### 盖兹希尔

咱们已经得到**孢子**的秘方，可以隐身来去。

### 掌柜

不，凭良心说，我想你的隐身妙术，

还是靠着黑夜的遮盖，未必是**孢子**的功劳。

——《亨利四世》上篇，第二幕，第一场

---

**欧洲蕨**　莎士比亚这段对白中的笑点是：既然欧洲蕨的孢子是看不见的（"seed"实际上是指孢子），那么根据"以形补形"的说法，如果食用了孢子，理论上就能够隐身，不过只能在仲夏夜实现。幸好有人事先警告了盖兹希尔。

❖ **羊茅**　羊茅属是一个大属，其中有很多种类在英国野生分部，可能会用来制作教鞭（1607 年一部作者未知的戏剧《清教徒》里有类似用途），不过在《两贵亲》里，它还有潜在的性意味。参见"牧草"。

# 无花果（Fig）

### 提泰妮娅

给他吃杏子和露莓，

还有紫葡萄、青**无花果**和桑葚。

——《仲夏夜之梦》第三幕，第一场

### 康斯坦丝

祖母会赏给你一颗梅子、一粒樱桃和一枚**无花果**。

——《约翰王》第二幕，第一场

### 卫士甲

有一个乡下人一定要求见陛下，

他给您送**无花果**来了。

——《安东尼与克莉奥佩特拉》第五幕，第二场

### 卫士甲

一个给她送**无花果**来的愚蠢乡人。

——《安东尼与克莉奥佩特拉》第五幕，第二场

### 卫士甲

这些**无花果**叶上还有黏土。

——《安东尼与克莉奥佩特拉》第五幕，第二场

64

**无花果**　除了药用价值之外，无花果的外形充满了性暗示，并因为用作增强性欲的春药闻名，所以很多下流粗俗的玩笑里都少不了它。艾拉柯恩比教士精彩地阐述了无花果一种超乎寻常的特质，那就是"它既不是花也不是果，（是）两者兼而有之……多肉的花托把很多花朵包裹在内，这些花朵永远见不到光，然而却能够完全发育成熟，并产出种子"。然而，身为教堂里的一位正规教士，他刻意没有澄清毕斯托尔话里的意思，尤其是那个"比无花果"的下流手势（把拇指放于食指和中指之间，基本上就是"女性版本"的"竖起中指"）。做这个手势时，如果再用西班牙语说"无花果"这个词，就更进一步强调了它的内涵，因为这个手势本身据说也是源自西班牙的。"Fig"一词用在口语中，如上面的几处台词，可作为脏话使用，或表示不屑。

## 毕斯托尔

要是毕斯托尔撒了谎，你就这样，

像个吹牛的西班牙人"比**无花果**"的手势。

——《亨利四世》下篇，第五幕，第三场

## 毕斯托尔

早死早下地狱，

**去你妈的**友谊万岁吧！

## 弗鲁爱林

我是好意。

## 毕斯托尔

**去你妈的。**

——《亨利五世》第三幕，第六场

## 毕斯托尔

那么**滚**你的吧。

——《亨利五世》第四幕，第一场

## 毕斯托尔

聪明的人把它叫作"不告而取"。

"做贼"？啐！好**粗俗**的话！

——《温莎的风流娘儿们》第一幕，第三场

## 伊阿古

美德？那算什么**玩意儿**！

——《奥赛罗》第一幕，第三场

## 伊阿古

**去他妈的**圣洁！

——《奥赛罗》第二幕，第一场

## 霍纳

我敬所有人，彼得我**呸**。

——《亨利六世》中篇，第二幕，第三场

## 查米恩

啊，好极了！能比**无花果**多活几天真好。

——《安东尼与克莉奥佩特拉》第一幕，第二场

# 黄菖蒲（Flags）

## 恺撒

群众就像漂浮在水上的**黄菖蒲**，

随着潮流的方向而进退，

在盲目的行动之中腐烂。

——《安东尼与克莉奥佩特拉》第一幕，第四场

❖ **榛树**　见"榛树／榛果"。

**黄菖蒲**　"Flags"是指湿地常见的、原生的黄色的鸢尾属植物黄菖蒲，也可能是指任何漂浮在水上的芦苇或者灯芯草。参见"鸢尾花"。

# 亚麻（Flax）

### 福德

像你这样的一只杂碎布丁？一袋烂**麻**线？

——《温莎的风流娘儿们》第五幕，第五场

### 小克列福

暴君们经常吹嘘的美德，

在我愤怒的火眼之前，

无异于**亚麻**和油。

——《亨利六世》中篇，第五幕，第二场

### 托比·贝尔奇爵士

好得很，它耷拉得就像纺杆上的**麻**线一样。

——《第十二夜》第一幕，第三场

### 仆人丙

你先去吧，我还要去拿些**麻**布和蛋清来，

替他贴在他流血的脸上。

——《李尔王》第三幕，第七场

### 奥菲利娅

他的胡须如雪，

他的发色如**亚麻**。

——《哈姆雷特》第四幕，第五场

### 里昂提斯

我的妻子杨花水性，

像任何纺**麻**女工一样粗鄙。

——《冬天的故事》第一幕，第二场

### 艾米丽娅

他丰富而无价的精神无法躲藏，像**亚麻**包不住火。

——《两贵亲》第五幕，第三场

**亚麻**　这是欧洲黑暗时代前就有的栽培作物，可以被织成帆布、绳索和麻布，是亚麻籽油的原料。它非常易燃，苍白的纤维也经常被用来比喻老人的头发。基于它的拉丁文名称"Linum usitatissimum"，以及它会被纺织成麻线或者麻布的事实，《暴风雨》中提到的"Line-grove"很有可能指的是亚麻。参见**莱恩树、欧椴树、菩提树**。

# 鸢尾花
## (Flower-de-luce)

或称 Fleur-de-lis

### 潘狄塔

以及各种百合，

**鸢尾**也在其中。

——《冬天的故事》第四幕，第五场

### 信使

绣在你们铠甲上的**鸢尾花**纹章已被剪去了尖，

英格兰的国徽已被割去一半了。

——《亨利六世》上篇，第一幕，第一场

### 贞德

我已经准备好了。这是我锋利的宝剑，

两边都镌有五朵**鸢尾花**的图案。

——《亨利六世》上篇，第一幕，第二场

### 约克

我既然具有灵魂，我就必须掌握皇杖，

我还要把法兰西的**鸢尾花**放在杖头玩弄哩。

——《亨利六世》中篇，第五幕，第一场

### 亨利五世

你怎么说，我美丽的**鸢尾花**？

——《亨利五世》第五幕，第二场

---

**鸢尾花**　这个词可能指很多种类的百合以及鸢尾花，鸢尾也就是法国国徽上面的花朵。虽然法语里的"lys"确实是百合的意思，但是鸢尾花一直都是皇家的象征。埃德蒙·斯宾塞、弗朗西斯·培根和本·琼森都提到过 Flower-de-luce 是鸢尾花。它代表着信念、英勇与智慧，本身就很适合做纹章图饰，无论它究竟是哪一种百合或鸢尾。

# 烟堇〈Fumiter〉

或称 Fumitory、Fenitar

### 考狄利娅

头上插满了恶臭的**烟堇**和犁草。

——《李尔王》第四幕，第四场

### 勃艮第

在那休耕地上，

只见毒麦、毒芹、蔓生的**烟堇**，

站住了脚、扎下了根。

——《亨利五世》第五幕，第二场

# 荆豆〈Furze〉

或称 Goss、Gorse

### 爱丽儿

这样，我迷惑了他们的耳朵，

使他们像小牛跟从着母牛的叫声一样，

跟我走过了一簇簇长着尖齿的野茨，

咬人的**荆豆**和锐利的荆棘丛，

把他们可怜的胫骨刺穿。

——《暴风雨》第四幕，第一场

### 贡柴罗

现在我真愿意用千顷的海水来换得一亩荒地，

欧石南、**荆豆**，什么都好。

——《暴风雨》第一幕，第一场

---

**烟堇**　这种野草很漂亮但是不受欢迎，因为它会把整片庄稼地蔓延吞噬。

❖ **犁草（Furrow-weeds）**　指任何在犁过的田埂中生长的野草。参见"麦仙翁""毒麦""烟堇""牧草"。

**荆豆**　荆豆就是《暴风雨》中普洛斯彼罗的荒岛上遍布的"Furze"和"Goss"。因为这些浓密、尖利、四处蔓延的灌木会在酸性土壤和荒野上迅速繁衍，莎翁着重强调了它们顽强与狂野的特性。参见"荆棘""金雀花""野茨"。

# 大蒜 (Garlic)

或称 Garlick、Garlicke

### 波顿

我最亲爱的各位演员，

别吃洋葱和**大蒜**，

因为咱们可不能把人家熏倒胃口。

——《仲夏夜之梦》第四幕，第二场

### 路西奥

他跟女叫花子都能亲嘴儿，

哪怕她满嘴都是黑面包和

**大蒜**的气味。

——《一报还一报》第三幕，第二场

### 霍兹波

我宁愿住在磨坊里吃干酪和**大蒜**过日子。

——《亨利四世》上篇，第三幕，第一场

### 米尼涅斯

你太看重那些工人的话，

还有那些吃**大蒜**的人的口气！

——《科里奥兰纳斯》第四幕，第六场

### 陶卡思

一定要让毛大姐做你的情人，

而且，别忘记嘴里含个**大蒜**，

给接吻添点儿滋味。

——《冬天的故事》第四幕，第四场

70

**大蒜**　大蒜能清洁血液，预防感冒，还可以给肉类、汤、炖菜调味，这些特性尽人皆知。它是葱属植物中味道辛辣的一种，通常会与穷人或者移民联系在一起。它与巫术也有特定的关联，但令它"恶名远播"的还是它那强烈的气味，会引起口臭和体臭，因此《仲夏夜之梦》中，波顿才会特别提醒演员们远离大蒜。

❖ **香石竹**　石竹科中有丁香香气的花朵。参见"康乃馨"。

# 姜 (Ginger)

---

### 牧羊人之子（小丑）

肉豆蔻皮？枣？不要，我的单子上没有这个。

肉豆蔻，七枚；生姜，一两块，没准我可以白要。

——《冬天的故事》第四幕，第三场

### 小丑

是啊，凭圣安娜起誓，生姜吃进嘴总是辣的。

——《第十二夜》第二幕，第三场

### 庞贝

头一个是纨绔少爷，他借了人家一笔债，

是按实物付给的——

全是些废纸和老姜，

折合一百九十七镑，

可是脱手的时候才卖了五马克现钱。

这也是没办法的事，因为当时生姜赶上滞销，

爱吃姜的老婆子们全都死了。

——《一报还一报》第四幕，第三场

### 脚夫乙

我有一只火腿、两块生姜，

一直要送到查林克洛斯去呢。

——《亨利四世》上篇，第二幕，第一场

### 萨拉尼奥

我倒愿意她像那些嚼着生姜的

老太婆一样在胡扯些八卦。

——《威尼斯商人》第三幕，第一场

### 奥尔良

它有着豆蔻的颜色。

### 皇太子

还有生姜般的火辣。

——《亨利五世》第三幕，第七场

---

**姜** 一种随处可见但并非产自英国本地的多年生块茎植物，是东印度群岛进口英国的常见货物。它能够给食物和饮料"增添辛辣味道"，这一特点让它成为改善寡淡饮食的重要调味料。它也常被用来制作药物和姜汁饼干。

# 鹅莓

# (Gooseberry)

## 福斯塔夫

一个人能够得到的所有天赋才能，

都在世人的嫉视之下，

像一粒**鹅莓**般不值分文。

——《亨利四世》下篇，第一幕，第二场

## 麦克白

魔鬼罚你变成炭团一样黑，

你这脸色惨白的狗头！

你从哪儿得来这么一副呆**鹅**的蠢相?

——《麦克白》第五幕，第三场

## 俾隆

这是爱情的疯狂，能把凡人当成神明，

把**雏妓**看作仙女，纯粹是偶像崇拜！

——《爱的徒劳》第四幕，第三场

**鹅莓**　人们栽种这种茶藨子科的花园灌木，是因为它有大而甜的果实。绿色的鹅莓果跟鹅毫无关系，所以当莎士比亚用"鹅"来简称这种植物时，可能会引发困惑，尤其当他只是在强调果实的颜色时。不过，因为莎士比亚的遣词造句往往有多层意味，"鹅"可能是指这种绿色的浆果，也可能是指禽鸟或妓女。"Gooseberry"一名来自法语或意大利语，也有可能是"Crossberry"的误写。在瘟疫横行时期这种莓果很受推崇，它可能也是五月节期间流行的俗语"呆头鹅"（silly goose）的由来。

# 葫芦（Gourd）

笋瓜（Pumpion），节瓜（Marrow），印度南瓜（Curbita）

### 福德大娘

好，让我们教训教训这个肮脏的脓包，

这个满肚子臭水的胖**冬瓜**。

——《温莎的风流娘儿们》第三幕，第三场

### 泰门

啊，一段草根，多谢了！

把你的**节瓜**、

葡萄园和垦殖地都弄枯干吧！

那忘恩负义的人类，就是利用你的出产，

狂饮美酒、饱食膏粱，迷昏了心窍，失去了理性！

——《雅典的泰门》第四幕，第三场

### 帕洛

好一个坏东西，老实说，还被喂得挺胖……

由于紧急事务不得不今晚动身。

这种推迟也有好处，

**等待期间**正好酝酿着芬芳的情绪，

日后热情洋溢，欢乐无涯。

——《终成眷属》第二幕，第四场

### 毕斯托尔

你用**葫芦骰子**到处诈骗人家。

——《温莎的风流娘儿们》第一幕，第三场

---

**葫芦、笋瓜、节瓜、印度南瓜**　这些是葫芦科中可食用的瓜类。"Pumpion"经常用来泛指任何可食用的瓜类，包括甜瓜和黄瓜，所以才有福德大娘"满肚子臭水……"的形容。《雅典的泰门》里提到的"节瓜"也属葫芦科。还有一件事不能不提：帕洛台词中的"等待期间"（curbed time），是拿"印度南瓜"（Curbita）的名字玩了个文字游戏。而毕斯托尔说的"Gourd"实际上是一种骰子，可能是用一只晒干的小葫芦的外壳做成的。

# 葡萄 (Grapes)

葡萄干（Raisins），参见"葡萄藤"

## 歌

来，巴克科斯，**葡萄**园的仙王，

你两眼红红，皮囊胖胖！

替我们浇尽满腹牢骚，

替我们满头挂上**葡萄**。

——《安东尼与克莉奥佩特拉》第二幕，第七场

## 泰门

去，痛饮血红的**葡萄**美酒，

直到你的血液在灼热下沸腾干枯。

——《雅典的泰门》第四幕，第三场

## 试金石

异教的哲学家，想吃**葡萄**的时候，

就张开嘴，把它放进嘴里去；

这意味着**葡萄**本来就是让人吃的，

嘴唇本来就是要张开的。

——《皆大欢喜》第五幕，第一场

## 拉佛

啊，我尊贵的狐狸，不吃**葡萄**了吗？

但是我这些**葡萄**品种特别优良，

只要您够得着，您一定会吃的。

——《终成眷属》第二幕，第一场

## 提泰妮娅

给他吃杏子和露莓，

还有紫**葡萄**、青无花果和桑葚。

——《仲夏夜之梦》第三幕，第一场

---

**74**

**葡萄** 作为葡萄树的果实，在莎剧中，"葡萄"一词可以指代葡萄酒，也可以作为浆果的别称，甚至是水果的统称。葡萄干也叫"Muscatels"，是"Racemus"一词的误拼，而后者的意思是葡萄串（它刚好还是《一报还一报》里酒馆的名字），可能是指已经熟透但仍然挂在树上的葡萄。

### 米尼涅斯

他脸上那股奸相，

可以让成熟的**葡萄**变酸。

——《科里奥兰纳斯》第五幕，第四场

### 拉佛

还剩下一颗**葡萄**。

——《终成眷属》第二幕，第一场

### 伊阿古

去他妈的圣洁！

她喝的酒也是**葡萄**酿成的。

——《奥赛罗》第二幕，第一场

### 庞贝

那时候他坐在"**葡萄**房间"里的一张矮椅上，

那是您顶欢喜坐的地方。

——《一报还一报》第二幕，第一场

### 皮里托俄

他的面色红润，就像一颗成熟的**葡萄**。

——《两贵亲》第四幕，第二场

### 牧羊人之子（小丑）

乌梅，四磅，

还有同样多的**葡萄**干。

——《冬天的故事》第四幕，第三场

### 克莉奥佩特拉

埃及**葡萄**的芳酿

从此再也不会沾润我的嘴唇。

——《安东尼与克莉奥佩特拉》第五幕，第二场

甚至像可怜的鸟，看见了画上的**葡萄**，

眼睛饱餐一顿，肚子饿得难忍。

——《维纳斯与阿多尼斯》

谁会为了一颗甜**葡萄**，

毁掉整株**葡萄**藤？

——《鲁克丽丝》

# 牧草 (Grass)

干草（Stover），羊茅（Fescue），蜜杆（Honey-stalk）

### 贼甲

我们不能像鸟兽游鱼一样，

靠吃草和浆果、喝清水过活呀。

——《雅典的泰门》第四幕，第三场

### 刻瑞斯

敢问你的王后唤我

到这细草原上来，有什么吩咐？

——《暴风雨》第四幕，第一场

### 伊里

就像夏草在夜间生长得最快。

——《亨利五世》第一幕，第一场

### 亨利五世

像割草一般，

杀掉那些鲜艳娇嫩的女子和茁壮的婴儿。

——《亨利五世》第三幕，第三场

### 小丑

我不是伟大的尼布甲尼撒大王，

我对草可不在行。

——《终成眷属》第四幕，第五场

### 葛朗博莱

它们惨白麻木的嘴里，

那嚼铁和满口草料混在一起，

一动都不动。

——《亨利五世》第四幕，第二场

### 理查二世

用忠勇英国人的血浇洒她牧场上的青草。

——《理查二世》第三幕，第三场

**牧草** "牧草"一词泛指牧场或草地上常见的草类，从植物学的角度讲，它可能是一万多种禾本科植物中的任意一种。它的生长速度很快，被大肆践踏过后也会很快春风吹又生。因此，牧草可以代表坚强、自足以及重生。莎士比亚在很多地方都提到了牧草，用"割草"来形容对妇女儿童的屠杀，也用"细草原"来比喻王后温软的枕头。牧草也可能是指被植物，可以参考"蘑菇/毒菌"。蜜杆作为一种草料（参见"车轴草"）也被收录在这个条目下，因为最近的研究发现，这个词可能是指羊最爱吃的沾有露水的牧草。参见"羊茅"。

### 塔摩拉

你知道我要用一些花言巧语

去迷惑那老安德洛尼克斯,

那些言语是比引诱鱼儿上钩的香饵

或是毒害羊群的肥美的**蜜杆**更甜蜜更危险的。

——《泰特斯·安德洛尼克斯》第四幕,第四场

### 埃瑞斯

离开你那羊群所游息的青青山坡,

以及饲牧它们的满铺着刍**草**的平原。

——《暴风雨》第四幕,第一场

### 萨福克

即便让我赤身裸体站在冰天雪地、

寸**草**不生的山巅……

——《亨利六世》中篇,第三幕,第二场

### 拉山德

当月亮在镜波中反映她的银色容颜,

晶莹的露珠点缀在**草**叶尖上的时候。

——《仲夏夜之梦》第一幕,第一场

### 刚特的约翰

把鸣叫的鸟儿当作音乐家,

芳**草**为你铺起地毯,

鲜花是向你巧笑的美人,

你的行步都是愉快的舞蹈。

——《理查二世》第一幕,第三场

### 杰克·凯德

所有的国土将变成公有公用,

把我骑的马送到溪浦汕市场那边去吃**草**。

——《亨利六世》中篇,第四幕,第二场

### 杰克·凯德

因此,我翻过一道砖墙,来到这座花园,

看能不能吃点青**草**,

或是拣到一点生菜什么的。

在这大热天里,让肠胃清凉一下,总还不错。

——《亨利六世》中篇,第四幕,第十场

### 国王

对她说,

我们为了希望在这**草**坪上和她跳一次舞,

已经跋涉山川,用我们的脚步丈量了不少的路程。

### 鲍益

他们说,

他们为了希望在这**草**坪上和您跳一次舞,

已经跋涉山川,用他们的脚步丈量了不少的路程。

——《爱的徒劳》第五幕,第二场

### 哈姆雷特

可是,先生,"要等**草儿青青**"

这句谚语多少有些陈腐。

——《哈姆雷特》第三幕,第二场

## 萨特尼纳斯

这些消息把我吓冷了大半截，

使我像一朵霜打的残花、

一株暴风下的小**草**一般垂头丧气。

——《泰特斯·安德洛尼克斯》第四幕，第四场

## 奥菲利娅

他已死了，不复还，夫人呀，

他已死了，再也不复还，

头上一撮**草**，脚下一块石。

——《哈姆雷特》第四幕，第五场

## 露西安娜

你要是变起来，只好变成一头驴子。

## 大德洛米奥

不错，她骑在我身上，而我一心想吃**草**。

——《错误的喜剧》第二幕，第二场

## 萨拉尼奥

我还是应该常常拔**草**观测风吹的方向。

——《威尼斯商人》第一幕，第一场

## 贡柴罗

**草**地望上去多么茂盛而蓬勃！多么青葱！

——《暴风雨》第二幕，第一场

## 埃瑞斯

到这片**草**地上来，一同游戏。

——《暴风雨》第四幕，第一场

## 波林勃洛克

我们就在这绿**草**如毯的

平原上整队前进。

——《理查二世》第三幕，第三场

## 乡民丙

哎，这样，在她手心里放一根**羊茅**，

她就能得到教训，变成好姑娘。

五朔节我们都参加吗？

——《两贵亲》第二幕，第三场

这里有足够的地方给你散心，

芳**草**萋萋的山谷、高爽的平地、

圆圆突起的小丘、丛丛粗乱的小树，

都可以供你躲避狂风暴雨……

——《维纳斯与阿多尼斯》

**草**没有弯腰，

她的脚步那么轻盈。

——《维纳斯与阿多尼斯》

她躺在**草**地上好像已经被杀害，

静待他的呼吸让她苏醒过来。

——《维纳斯与阿多尼斯》

# 风铃草（Harebell)

### 阿维拉古斯

你不会缺少像你面庞一样惨白的报春花，

也不会缺少像你血管一样蔚蓝的**风铃草**。

——《辛白林》第四幕，第二场

---

**风铃草**　关于莎士比亚笔下的"Harebell"到底指什么，一直众说纷纭：是和欧报春一起开放的蓝铃花（Bluebell）？还是俗名为"Hareball"的熊百合／糠百合／克美莲（Wild Hyacinth，它的花瓣上确实有血管般的脉纹）？我们选择保留他的原文，因为如后文所说（参见"芍药"），莎士比亚通常知道得最清楚。

# 山楂〔Hawthorn〕<sup>15</sup>

山楂花蕾（Hawthorn-buds）, 山楂林（Brake）, 山楂
花（Hawthorn-blossom）, 山楂树（May Tree）

### 彼得·昆斯

这块草地可以做咱们的戏台,

这一片**山楂林**便是咱们的后台。

——《仲夏夜之梦》第二幕，第一场

### 迫克

我要带你们绕圈圈,

经过沼泽, 经过灌木,

经过野茨, 经过**林丛**。

——《仲夏夜之梦》第三幕，第一场

### 海丽娜

你甜蜜的声音比小麦青青、

**山楂**吐蓓蕾的时节

送入牧人耳中的云雀之歌还要动听。

——《仲夏夜之梦》第一幕，第一场

**山楂**　作为深受喜爱的报春植物, 山楂的花朵在每年的五月节之际准时开放。由于经常有牧羊人在山楂树下乘凉, 这种树往往也与乡下人联系在一起。山楂的外号有"白楂果""黑楂果", 因为多刺, 也叫"刺楂果", 其尖刺有时会被乡下人当作针灸用的针。因为山楂功效神奇, 山楂树也被称为"仙子树"。山楂的果实成熟后是红色的, 被称为"布谷豆"或者"精灵杯", 有强健心脏之效。莎剧中也用山楂花蕾来形容轻薄少年。

### 福斯塔夫

我不会像那些油头粉面、

一身臊气的**轻薄少年**一样，

说你是这样、那样，把你捧上天去。

——《温莎的风流娘儿们》第三幕，第三场

### 亨利六世

牧羊人坐在**山楂树**下，

心旷神怡地看守着驯良的羊群，

不比坐在绣花伞盖之下

终日害怕人民起来造反的国王

舒服得多吗？

哦，真的，的确是舒服得多，要舒服一千倍。

——《亨利六世》下篇，第二幕，第五场

### 爱德加

寒风从带刺的**山楂**丛间吹过。

——《李尔王》第三幕，第四场

### 阿赛特

再一次，请你回到你**山楂**木的房子去吧。

——《两贵亲》第三幕，第一场

狂风会把五月的**山楂**花苞吹落，

夏天也嫌太短促，匆匆而过。

——《十四行诗》第十八首

### 哈姆雷特

我父亲被他杀害的时候，正是在饱食之后，

罪孽一如五月的**山楂花**般盛开。

——《哈姆雷特》第三幕，第三场

### 罗瑟琳

有个人……在**山楂树**上挂起诗篇，

在黑莓灌木上悬吊挽歌。

——《皆大欢喜》第三幕，第二场

# 榛树 / 榛果（Hazel / Nut）[16]

榛树或称 Filberds、Filberts、Philbirtes

### 茂丘西奥

她的车子是松鼠和蛀虫用一个**榛子**的空壳替她造成，

它们自古以来，就是精灵们的车匠。

——《罗密欧与朱丽叶》第一幕，第四场

**榛树 / 榛果** 榛树这种用途广泛的灌木可以做绿篱、篱笆或者用来繁殖树林。其枝茎柔韧，修剪后常被用来当作探测地下水源的工具，榛树也因此被视作神奇之树，出现在茂丘西奥关于麦布仙后的叙述中。莎士比亚用到 "Nut" 这个词的时候，一般都认为他指的是 Filbert，即人工种植的榛果。"Filberts" 一名源自榛子恰好在 8 月 22 日，也就是圣菲尔伯特日（St. Philbert Day）成熟。参见"扁桃""栗子""核桃"。

### 彼特鲁乔

凯特，像是**榛树**枝一般又直又细，

颜色像**榛果**一样棕黄，

比**榛子**仁还要香甜。

——《驯悍记》第二幕，第一场

### 凯列班

我要把采成束的**榛果**献给您。

——《暴风雨》第二幕，第二场

### 试金石

最香甜的**榛果**，壳也最酸，

这种**榛果**的名字便是罗瑟琳。

——《皆大欢喜》第三幕，第二场

### 西莉娅

可是要说起他的爱情真不真，

我想他就像一只封闭的空杯子，

或是一枚蛀空了的**榛果**一样空心。

——《皆大欢喜》第三幕，第四场

### 拉佛

相信我吧，壳子这么轻的**榛果**里是找不出果仁的。

——《终成眷属》第二幕，第五场

### 茂丘西奥

瞧见人家剥**榛果**，你也会跟他闹翻，

理由只是你有一双**榛子**色的眼睛。

——《罗密欧与朱丽叶》第三幕，第一场

### 忒尔西忒斯

赫克托要是把你们两个人的脑壳捶了开来，

那才是个大笑话，

因为这简直就跟捶碎一个空心的烂**榛果**没有差别。

——《特洛伊罗斯与克瑞西达》第二幕，第一场

### 贡柴罗

我担保他一定不会淹死，

虽然这船不比**榛果**壳更牢固。

——《暴风雨》第一幕，第一场

### 提泰妮娅

我有一个善于冒险的小神仙，

可以为你到松鼠的仓里

取些新鲜的**榛果**来。

——《仲夏夜之梦》第四幕，第一场

### 哈姆雷特

啊，老天呀，

我可以把自己关在一个**榛果**壳里，

而仍自认是个无疆限的君主——

倘不是因为我总做那些噩梦。

——《哈姆雷特》第二幕，第二场

### 大德洛米奥

有的魔鬼只向人要一些指甲头发，

或者一根菖蒲、一滴血、一枚针、

一颗**榛果**、一粒樱桃核。

——《错误的喜剧》第四幕，第三场

83

# 欧石南（Heath）<sup>17</sup>

---

### 贡柴罗

现在我真愿意用千顷的海水来换得一亩荒地，

**欧石南**、荆豆，什么都好。

——《暴风雨》第一幕，第一场

**欧石南** "Heath" 指被多种野生开花灌木或者牧草覆盖的开阔地，也指植物本身，即欧石南。欧石南也写作 "Heather" "Bell Heather" "Ling"（"Ling" 在《暴风雨》里有时写作 "Long"，不过后者更有可能是正确的写法）。这种野生植物非常受欢迎，以至于人造花园里也会刻意种植，模仿原生环境的景观。

# 毒草

# (Hebenon / Hebona)

欧洲红豆杉（Yew），颠茄（Deadly Nightshade），毒参（Hemlock）

### 鬼魂

有天我照旧在花园内午睡时，

汝叔父就趁我不备，

把一瓶可憎的**毒草**汁倾注于我耳内。

这令人麻痹之毒液一见人血，

就快如水银般地流入全体各脉。

经过一阵翻腾，它就令原来稀薄健康之鲜血凝固成膏，

就像强酸滴入牛乳一般。

这毒液在我身上的功效也是如此。

它令我全身本来光滑的皮肤顿时溃烂，

并盖满了树皮似的厚痂，

仿佛患了癫病。

——《哈姆雷特》第一幕，第五场

---

**毒草**　杀死哈姆雷特父亲的毒药为读者津津乐道，注入他耳内的到底是一种什么毒药，是每个人都想尝试解答的谜题，我们也不例外。理智分析后我们在这里给出了一个答案，不过也同时列出了其他几种毒药供你参考。

* "第一对开本"中这种毒物写作"Hebenon"，而在《哈姆雷特》的两个四开本版本中，毒药写作"Hebona"。不过这个故事的原始资料中没有提到任何特定毒药的名称，因此"Hebenon"或"Hebona"的名字似乎完全是莎翁的杜撰。
* 克里斯托弗·马洛在他的剧作《马耳他岛的犹太人》中说"赫柏（Hebon）的汁"是一种致命毒药。
* 自称古风诗人的埃德蒙·斯宾塞也在《仙后》一诗中使用了这个高深莫测的词语——"胆汁般苦涩与赫柏般悲伤的树木"，而这种树木的木材还被雕成了一把"致命的赫柏弓箭"、一杆"赫柏木长枪"和"赫柏木长矛"。
* 众所周知，14世纪的诗人约翰·高尔的作品经常被莎士比亚引用。他在作品中提到了"那棵沉睡的赫柏纳斯树"，后来还在诗作《一个情人的忏悔》中写过，"她刺穿了他熟睡的耳朵"。

所以，莎士比亚在《哈姆雷特》中提到的毒药可能受到了以上几位作家的影响。那么这种毒草到底是什么？有以下几种可能：

# 毒芹 〔Hemlock〕

### 勃艮第

在那休耕地上，

只见毒麦、**毒芹**、蔓生的烟堇，

站住了脚、扎下了根。

——《亨利五世》第五幕，第二场

### 女巫丙

夜掘**毒芹**根块。

——《麦克白》第四幕，第二场

### 考狄利娅

头上插满了恶臭的烟堇和犁草、

还有牛蒡、**毒芹**、荨麻、美人衫……

——《李尔王》第四幕，第四场

---

\* **疯树根** 它在《麦克白》中出现过，且被学界认定为天仙子（Henbane），杰拉德称之为"阴撒那"（Insana）。不过仅仅凭借"Henbane"和"Hebona"的拼写极为相似，并不能确定疯树根就最有可能是这种毒物。此外，它的毒性也与《哈姆雷特》中鬼魂的描述不符。

\* **乌木** 也写作"Ebon"，是另一种与"Hebona"发音相似的毒木。不过乌木当时是一种极为昂贵的外来木材，并不容易找到，从其树脂中提取毒药也非常困难。此外，它的毒性也小到可以忽略不计。

\* **毒芹** 和酒（蒸馏物）一起服用时药性发挥更快，不过同样，它的毒性与剧中描述不符。

\* **乌头** 这种毒药根本未被列入考虑范围，可能是其毒性与鬼魂的描述不符。然而，有人认为它是罗密欧服下的毒药，尽管他的死状也与乌头的毒性不符。不过，这种毒药如果少量服用，会让四肢麻木，如同陷入昏迷，倒是很像神父给朱丽叶装死用的药。

\* **颠茄** 在古英语里写作"Enoron"（发音与"Hebenon"有一点相似），现在的名字是"Belladonna"。它因毒性强、易获得闻名，不过中毒症状是眩晕、产生幻觉及惊厥。

\* **欧洲红豆杉** 作为一种木本植物，它完美地符合了之前的引述中对赫柏的描述，而它的中毒症状也与鬼魂所说的一致，包括皮肤结痂、如同被蛇咬过等等。更何况，哈姆雷特的父亲确实可能会使用比较古老的名词。

**毒芹** 与胡萝卜、茴香和峨参等健康无害的植物同属一类。毒芹最初作为一种毒物而闻名是因为苏格拉底曾服用它自杀。服下微量毒芹可以起到镇静或解毒的作用，但是只要稍有过量，就会导致瘫痪甚至死亡。由于毒芹向来被认为与巫术有关，这种毒物并不意外地被《麦克白》中的三位女巫使用，并且提到半夜挖出来的毒芹毒性最强。参见"毒草""圆叶银鱼草"。

# 麻 (Hemp)

### 毕斯托尔

倒不如放过了人，让绞刑架吊死狗。

可别叫**麻**绳套住了他的喉咙，

连气都没法透一口。

——《亨利五世》第三幕，第六场

### 致辞者

在你的眼前，

出现了水手们忙碌地爬行在**麻**布帆索上的景象。

——《亨利五世》第三幕，第一场

### 迫克

哪儿来的穿粗**麻**衣服的乡巴佬在这儿乱晃？

——《仲夏夜之梦》第三幕，第一场

### 杰克·凯德

那就送给你一碗**大麻**汤，

送给你一把斧子去施行手术。

——《亨利六世》中篇，第四幕，第七场

### 老板娘（快嘴桂嫂）

你就是个**大麻**籽儿。

——《亨利四世》下篇，第二幕，第一场

---

麻　在莎士比亚的时代，作为海上岛国，英国对这种作物的需求与日俱增：它的纤维可以用来做帆布、绳索（包括绞刑架
上的吊绳），以及粗布。

❖ **恩典草**　见"芸香"。

# 冬青 (Holly)[18]

◆━━━◆◆◆━━━◆

## 阿米恩斯 (唱)

噫嘻乎！且向**冬青**歌一曲：

友交皆虚妄，恩爱痴人逐。

噫嘻乎**冬青**！可乐唯此生。

——《皆大欢喜》第二幕，第七场

　**冬青**　慢生常绿植物，果实呈诱人的红色，叶片锐利，令人却步。雄性与雌性花朵生长在不同植株上，所以冬青需要成片栽种才能繁茂生长。

❖ **圣蓟**　见"藏掖花"。

❖ **蜜杆**　见"车轴草""牧草"。

# 金银花 (Honeysuckle)<sup>19</sup>

忍冬（Woodbine）

---

### 希罗

叫她偷偷地溜到密闭的阴凉处，

那在阳光下成熟的**金银花**藤

却不让阳光照进阴凉里来。

——《无事生非》第三幕，第一场

### 欧苏拉

我们也正是这样引诱贝特丽丝上钩。

她现在已经躲在**金银花**藤的浓荫里了。

——《无事生非》第三幕，第一场

### 提泰妮娅

睡吧，我要把你抱在我的臂中。

**金银花**也是如此

温柔地缠绕着芬芳的忍冬，

常春藤也正是这样缱绻着榆树皱折的臂枝。

——《仲夏夜之梦》第四幕，第一场

### 老板娘（快嘴桂嫂）

啊，你这**杀人**的恶棍！

——《亨利四世》下篇，第二幕，第一场

### 奥布朗

我知道一处水岸，盛开着野生的百里香，

遍布着牛唇报春和盈盈的紫罗兰，

还有馥郁的**金银花**、

甜美的蔓生蔷薇和香叶蔷薇，

漫天张起了一幅芬芳的锦帷。

——《仲夏夜之梦》第二幕，第一场

---

**金银花** 英国原产的攀缘植物，带有强烈的刺激感官的气味。"Woodbine" 一词曾经被认为泛指忍冬属植物，但是随后与 "Honeysuckle" 混用。金银花的植株互相交缠，这种习性再加上它令人陶醉的香气，让它成为热烈而坚定的爱情的象征。在《亨利四世》中，快嘴桂嫂把 "杀人"（Homicidal）误说成了 "金银花"。

# 神香草 (Hyssop)

### 伊阿古

我们的身体就像一座园圃，

我们的意志是这园圃里的园丁。

无论我们插荨麻、种莴苣、

栽下**神香草**、拔起百里香，

或者单独培植一种草木，

或者把全园种得万卉纷披，

让它荒废不治也好，把它辛勤耕垦也罢，

那全都在于我们的意志。

——《奥赛罗》第一幕，第三场

# 疯树根 (Insane Root)

### 班柯

我们正在谈论的这些怪物，果然曾经在这儿出现吗？

还是因为我们误食了**疯树根**，

已经丧失了理智？

——《麦克白》第一幕，第三场

---

90 　**神香草**　一种芳香的常绿药草，味苦，经常与百里香一起栽种，因为这两种植物会帮助彼此生长，可是《奥赛罗》中的伊阿古为了种植其中一种而把另一种拔掉了。

　**疯树根**　《麦克白》里的班柯提到这种植物时，好像是在说："我们都疯了吗？"后来，这种植物被考证为天仙子。罗马自然哲学家普林尼认为它是一种"难以理解"的毒药：它会引发疯狂的幻觉，但同时也用作"让疯子镇静下来的危险药剂"。参见"毒草"。

# 常春藤 (Ivy)[20]

### 提泰妮娅

**常春藤**也正是这样缱绻着榆树皱折的臂枝。

——《仲夏夜之梦》第四幕，第一场

### 普洛斯彼罗

他简直成为一株**常春藤**，

掩蔽了我参天的巨干，吸收了我的精华。

——《暴风雨》第一幕，第二场

### 阿德里安娜

莫让爬行的**常春藤**、

野茨或懒散的苔藓偷取你雨露阳光！

它们因为没有人加以修剪，

能把你的汁浆吸吮得精干。

——《错误的喜剧》第二幕，第二场

### 老牧人

他们已经吓走了我两头顶好的羊，

我担心在它们的东家没有找到它们之前，

狼已经先把它们找到了。

它们多半是在海边啃着**常春藤**。

——《冬天的故事》第三幕，第三场

### 皮里托俄

他一头金发，坚韧卷曲，

浓密得像缠绕的**常春藤**，

不为雷声所动。

——《两贵亲》第四幕，第二场

---

**常春藤**　英国原产攀缘植物，因喜缠绕的习性被认为带有女性特质。它常绿的叶子是"永恒不朽"的象征，但是莎士比亚同样用它不加抑制、令人窒息的疯狂蔓延来比喻人性。

# 圆叶银鱼草〔Kecksies〕

### 勃艮第

没什么好生养，遍地只有可恶的酸模、

粗糙的蓟、**圆叶草**和牛蒡的刺球。

——《亨利五世》第五幕，第二场

# 蓄〔Knot-grass〕

### 拉山德

滚开，你这矮子！

你这发育不全的**蓄**三寸丁！

你这小豆子！你这小橡子！

——《仲夏夜之梦》第三幕，第二场

**圆叶银鱼草**　一种低矮多毛的药草，有匍匐状的茎，其单生花朵状似很小的金鱼草的花，相当美丽。托马斯和菲尔克罗斯在他们合编的词典里指出："它在莎剧中唯一一次出现（在《亨利五世》里）是与其他野草并列，描述英国入侵后，法国各地野草丛生、荒芜萧索的悲凉景象。""Kecksies"曾经被认为是毒参或毒芹根的俗名，但是从特征来看，它与一种叫"圆叶弗鲁林"（Round-leaved Fluellin）的植物相同，而弗鲁林又是《亨利五世》中一个角色的名字，其性格也符合这种圆叶银鱼草的特性。

**蓄**　实际上并不是一种牧草，而只是一种蔓生抽节的野草。它会紧紧勒住其他植物，并且很难清除。这种植物的汁液如果饮下会阻碍生长发育。

# 美人衫 / 布谷鸟花
# (Lady-smocks / Cuckoo-flowers)

### 春之歌

……**美人衫**纯然的银白，

花蕾娇黄的一片，

把草原涂染得令人愉快。

——《爱的徒劳》第五幕，第二场

### 考狄利娅

刚才还有人看见他，

疯狂得像被飓风激怒的海，

高声歌唱，

头上插满了恶臭的烟堇和犁草，

还有牛蒡、毒芹、荨麻、**美人衫**和

各种蔓生在粮田间的野草。

——《李尔王》第四幕，第四场

---

**美人衫 / 布谷鸟花**　一种在草甸上生长的花，名字可能源自铺在草地上晒干的衣服（在薰衣草田里晒衣服是当时常见的一种习俗）。美人衫的另一个名字"布谷鸟花"可能呼应了布谷鸟回返的时节——据记载，这种花会在每年 3 月 25 日的"天使报喜节"前后开放，这一天也是伊丽莎白女王时期新年的第一天。

# 翠雀花
## (Lark's-heels)

———◆◆◆———

### 男孩 (唱)

万寿菊在临终的床榻前开放，

**翠雀花**整齐漂亮，

大自然的儿女芬芳一片，

祝福着新娘和新郎。

——《两贵亲》第一幕，第一场

# 薰衣草 (Lavender)

———◆◆◆———

### 潘狄塔

这是给你们的花儿，

热烈的**薰衣草**、薄荷、香薄荷、墨角兰。

——《冬天的故事》第四幕，第四场

**翠雀花**　直译为"云雀的脚跟"。这种花被认为指飞燕草，在莎士比亚的作品中只出现了一次，就是在《两贵亲》中那首充满了花草名称的歌曲中。

**薰衣草**　在伊丽莎白一世时期，设计精致的花园非常流行。这种花园有着工整的几何图案设计，可供主人将奇花异草种成整齐的篱，向人展示，而薰衣草在这种花园中很受欢迎。此外，薰衣草也是一种可以去除异味、让清洗后的衣物味道清新的药草。人们会把洗后的床单衣物铺在薰衣草上晾干，吸收其香氛。潘狄塔称其为"热烈的薰衣草"，是因为它在高温环境中会更加繁茂。

# 韭葱 (Leek)

❖❖❖

### 提斯帕

他的眼睛绿得像**葱**。

——《仲夏夜之梦》第五幕，第一场

### 毕斯托尔

去对他说，到圣大卫节那天，

我就要动他头上的**韭葱**。

——《亨利五世》第四幕，第一场

### 弗鲁爱林

要是陛下还记得起来，

威尔士军队在一个长着**韭葱**的园圃里也立过大功，

那时候他们在蒙穆斯式帽子上插了**韭葱**。

如今——陛下也知道——

这**韭葱**成为军队里光荣的象征了。

我相信在圣大卫节那天，

陛下绝不会不愿意戴棵**韭葱**在头上的。

——《亨利五世》第四幕，第七场

**韭葱** 葱科植物，因为极易种植而成为当时穷人家的常备食物。莎士比亚利用韭葱的颜色以及它与威尔士的关联（它曾出现在威尔士的国徽上）营造出了喜剧效果。

❖ **皮衣苹果** 见"苹果""葛缕子"。

# 柠檬 (Lemon)

**俾隆**

一只**柠檬**。

**朗格维**

里头塞着丁子香。

——《爱的徒劳》第五幕，第二场

# 莴苣 (Lettuce)

**伊阿古**

无论我们插荨麻、种**莴苣**……

——《奥赛罗》第一幕，第三场

**柠檬** 在莎士比亚的时代，柠檬常被用于烹饪和香薰。柠檬可以取代柑橘，在内里塞上丁子香，作为芳香剂。它也同样被莎士比亚拿来玩文字游戏——柠檬与"Leman"（情人）发音相似。

**莴苣** 这是莎士比亚的时代每处香草花园里一定会有的植物，用来制作沙拉。它也可以泛指沙拉中的各种绿叶植物。莴苣可以刺激食欲、帮助消化、缓解酒后头痛，更了不得的是，它既可以刺激性欲也可以抑制性欲。（此页插图中的植物可能是苦莴菜。——编者注）

# 百合 / 铃兰 (Lily / Lily of the Valley)

### 潘狄塔

以及各种**百合**，鸢尾也在其中。

——《冬天的故事》第四幕，第四场

### 朗斯

你看，她就像**百合**一样洁白，

像嫩枝那样瘦小。

——《维罗纳二绅士》第二幕，第三场

### 公主

凭着我**百合**一般纯洁的处女贞操起誓。

——《爱的徒劳》第五幕，第二场

### 凯瑟琳王后

我像那朵曾在田野里盛放的**百合**，

现在只有垂首待毙。

——《亨利八世》第三幕，第一场

### 茱莉亚

她颊上的蔷薇已经不禁风吹而枯萎，

她**百合**一样的肤色也已经憔悴下来。

——《维罗纳二绅士》第四幕，第四场

### 弗鲁特

最俊美的皮拉摩斯，

肌肤白得胜过纯白的**百合**。

——《仲夏夜之梦》第三幕，第一场

因为最香的东西一腐烂也会变得最臭，

腐烂的**百合**比野草的味道还难闻。

——《十四行诗》第九十四首

### 提斯帕

这**百合花**般的嘴唇。

——《仲夏夜之梦》第五幕，第一场

### 克兰默

那时她仍然是处女之身，

像一朵无瑕的**百合花**，埋入青冢。

——《亨利八世》第五幕，第五场

---

**百合 / 铃兰**　圣母百合（Madonna Lily）充满诗意，长久以来都被用来形容洁白无瑕的皮肤、纤巧的手指、童贞……以及胆怯。不过铃兰有时候也会被用来象征这些事物，它也是白色的，而且更符合莎剧中"像嫩枝那样瘦小"的描述。"肝白如百合花"（lily-livered）也指一个人没有勇气、胆小如鼠。

### 阿埃基摩

你睡在床上的姿态是多么优美！鲜嫩的**百合花**！

——《辛白林》第二幕，第二场

### 玛克斯

啊！要是那恶魔曾经看见

这双**百合花**般白皙的手

像山杨叶般战栗着，弹弄着鲁特琴……

——《泰特斯·安德洛尼克斯》第二幕，第三场

### 特洛伊罗斯

赶快把我载到得救者的乐土中去，

让我徜徉在**百合花**床的中央！

——《特洛伊罗斯与克瑞西达》第三幕，第二场

### 泰特斯

新的眼泪又滚下她的颊，

正像甘露滴在一朵被人掐取而几近枯萎的**百合花**上。

——《泰特斯·安德洛尼克斯》第三幕，第一场

### 康斯坦丝

盛放的**百合**和半开的玫瑰是造化给你的礼物。

——《约翰王》第三幕，第一场

### 吉德律斯

啊，最芬芳、最娇美的**百合花**！

我弟弟替你插在襟上的这一朵，

远不及你长得一半秀丽。

——《辛白林》第四幕，第二场

### 萨尔斯伯里

把纯金镀上金箔，

替纯洁的**百合花**涂抹粉彩，

在紫罗兰的花瓣上浇洒人工的香水……

实在是多余而可笑的事。

——《约翰王》第四幕，第二场

### 肯特

一个**没有胆量**、

靠着官府势力压人的奴才。

——《李尔王》第二幕，第二场

### 麦克白

你这**鼠胆**的小子。

——《麦克白》第五幕，第三场

我也不羡慕那**百合**的洁白，

也不赞美玫瑰花的一片红晕。

——《十四行诗》第九十八首

我申诉**百合**盗用了你的手。

——《十四行诗》第九十九首

塔昆仿佛瞧见了：**百合**与玫瑰的兵丁

以她的秀颊为战场，进行着无声的战争。

——《鲁克丽丝》

她**百合**般洁白的手托着她的香腮，

夺去了枕头应得的一吻。

——《鲁克丽丝》

你那容颜

使**百合**感到恼怒而变得苍白，

使玫瑰自觉羞惭而红着脸。

——《鲁克丽丝》

**百合**的苍白，加上了蔷薇色的点缀。

——《爱情的礼赞》

她极尽温柔地拉起他的手，

像是雪牢里囚着一朵**百合**。

——《维纳斯与阿多尼斯》

她就把她**百合**般的手指一个个交锁起来。

——《维纳斯与阿多尼斯》

他的伤口像是在哭泣，

一滴滴紫红的血像是泪水，

把**百合**般洁白的肌肤浸染。

——《维纳斯与阿多尼斯》

# 莱恩树 / 菩提树（Line Tree / Linden）²¹

### 爱丽儿

所有的囚徒，先生，

都在遮挡你洞窟的

那一片**菩提树**下。

——《暴风雨》第五幕，第一场

### 普洛斯彼罗

来，把它们挂起在这**菩提树**上。

——《暴风雨》第四幕，第一场

### 斯丹法诺

**绳**太太，这不是我的短外套吗？

——《暴风雨》第四幕，第一场

**莱恩树、欧椴树（Lime）、菩提树** 这三个名词都出现在了《暴风雨》中，似乎是爱丽儿的那句台词让学者们认为这种树就是芳香的椴树。但椴树不太可能原生于剧中那座地中海气候的小岛上，而另外两句相关台词又明显与衣物有关。何况"Line"一词也可以指亚麻，因此多年来学界可能都误认了这种树木。

# 长角豆（Locust）

长角豆树（Carob Tree）

## 伊阿古

现在他吃起来像**长角豆**一样美味的食物，

不久便要变得像药西瓜一样涩口了。

——《奥赛罗》第一幕，第三场

**长角豆**　长角豆是来自异国的长角豆树的果实，在当时被用作甜味剂，是巧克力的前身。伊丽莎白时代的人们从未尝过巧克力，它直到 17 世纪 50 年代才出现在英格兰。长角豆原生于地中海地区，特别是西班牙和塞浦路斯，而后者正是伊阿古说出这番恶毒言语时的所在之处。

# 紫兰 (Long Purples)

死人之指 (Dead Men's Fingers)

——————◆◆◆——————

### 格特鲁德

在那儿，她用乌鸦花、荨麻、雏菊

与**紫兰**编织了一些绮丽的花圈。

粗野的牧童们曾给这些花取过些俗名，

但是，咱们的少女们却称它们为**"死人之指"**。

——《哈姆雷特》第四幕，第七场

# 欧锦葵 (Mallow)

——————◆◆◆——————

### 安东尼奥

他一定要在这里播种荨麻籽。

### 西巴斯辛

或是酸模，或是**欧锦葵**。

——《暴风雨》第二幕，第一场

102 **紫兰** 这是格特鲁德描述奥菲利娅的死状时，提到的诸多植物中的一种，至于它到底是什么植物，一直存有争议。不过格特鲁德进一步的描述（"粗野的牧童们曾给这些花取过些俗名"）解决了争议，这种花应该是俗称 Cuckoo-pint、Lords-and-ladies、Wild Arum 的斑点疆南星。它非常完美地符合了剧中的描述：肉穗花序很长，是紫色的，看上去像是死人的手指，或者某个更加不可描述的人体部位。就连莎士比亚出生地基金会的列维·福克斯博士都摒弃了之前"死人之指是早花红门兰"的说法，认为斑点疆南星其实"更加符合"莎士比亚的意思。

❖ **肉豆蔻皮** 参见"肉豆蔻 / 肉豆蔻皮"。

**欧锦葵** 欧锦葵原本生长于荒地，也可以由人工培育。莎剧中唯一一次提到它是强调这种野草具有侵略性。

# 秋茄参
## (Mandragora / Mandrake)

又译作"曼德拉草"

### 福斯塔夫

他真是饿肚子的天才，然而好色得像猴子，

妓女们管他叫"**曼德拉草**"。

他永远在赶时髦，

他从车夫那儿听来几句小调，

就对着那些荒淫无度的娼妇唱，

还非要说那是他自己编的情歌。

——《亨利四世》下篇，第三幕，第二场

### 萨福克

如果咒骂能像**秋茄参**

发出的呻吟一样把人吓死。

——《亨利六世》中篇，第三幕，第二场

### 克莉奥佩特拉

给我喝一些**秋茄参**汁。

### 查米恩

为什么，娘娘？

### 克莉奥佩特拉

我的安东尼去了，

让我把这一段长长的时间昏睡过去吧。

——《安东尼与克莉奥佩特拉》第一幕，第五场

### 伊阿古

罂粟、**秋茄参**或是世上一切使人昏迷的药草，

都不能使你得到昨天晚上还在安然享受的酣眠。

——《奥赛罗》第三幕，第三场

### 朱丽叶

再加上听到那令人发狂的、

好像是从地里拔出一株**秋茄参**似的凄厉锐叫。

——《罗密欧与朱丽叶》第四幕，第三场

### 福斯塔夫

你这婊子生的小**曼德拉草**，

让你跟在我的背后，

还不如把你插在我的帽子上。

——《亨利四世》下篇，第一幕，第二场

**秋茄参**　这种具有麻醉毒性的植物根茎是分叉的，经常被形容为从泥土中爬出来的惊叫的人或者生物。它可能是在 16 世纪末被引入英国的，但在此之前就经常被使用。虽然这两个词可以混用，但是通常 Mandrake 指的是植株本身，Mandragora 则指其提炼的药物。秋茄参与罂粟一起服用时，药劲儿很吓人。

# 万寿菊 / 金盏菊 (Marigold / Mary-bud)

### 潘狄塔

······随太阳入睡，又哭泣着

陪它升起的**万寿菊**，

这些是仲夏的花卉。

——《冬天的故事》第四幕，第四场

### 玛丽娜

紫色的紫罗兰、金色的**万寿菊**，

像是锦毯一般，

在夏日将尽时，铺在你的坟前。

——《泰尔亲王佩里克利斯》第四幕，第一场

王公的宠臣舒展他们的金枝玉叶，

不过正如太阳眼前的**万寿菊**，

一旦龙颜震怒，便香消玉殒，

须臾之间，他们的荣耀便消失殆尽。

——《十四行诗》第二十五首

### 克洛登 (唱)

**金盏菊**惺忪之际，

睁开金色的眼睛。

——《辛白林》第二幕，第三场

她的双眼像**万寿菊**，

已经把光彩收起，

在黑暗笼罩下安然入睡，

等着张开做白天的点缀。

——《鲁克丽丝》

### 男孩 (唱)

**万寿菊**在临终的床榻前开放。

——《两贵亲》第一幕，第一场

**万寿菊 / 金盏菊** "Mary-bud"是《辛白林》中克洛登对万寿菊的称呼。万寿菊有一种奇妙的特性，就是会随着阳光开放与凋谢，因此这个名字有时候也会被拿来泛指一切习性相似的花卉。这种植物当时还被用来作为染发的原料，它也是比番红花更为便宜的食物调味料和染色剂。它经常与死亡、重生、希望联系在一起。

# 墨角兰 (Marjoram)

### 潘狄塔

这是给你们的花儿，

热烈的薰衣草、

薄荷、香薄荷、**墨角兰**。

——《冬天的故事》第四幕，第四场

### 小丑

的确是的，先生，

她是生菜中的**墨角兰**，

或者应该说是恩典草。

——《终成眷属》第四幕，第五场

我申诉百合花盗用了你的手，

**墨角兰**的蓓蕾偷取你的柔发。

——《十四行诗》第九十九首

### 李尔

口令！

### 爱德加

墨角兰。

### 李尔

过去吧。

——《李尔王》第四幕，第六场

**墨角兰**　一种英国原产的植物，常被用来烹饪或铺撒在地面上。这种植物，特别是甜墨角兰，有多种药物疗效，可以安抚大脑、缓解忧郁的情绪和尿猪留，作为解毒剂也很有效。因为散发香气，它经常被做成花束，供人闻嗅，以抵御 16 世纪卫生条件匮乏引发的臭气。

❖ **节瓜**　见"葫芦、笋瓜、节瓜、印度南瓜"。

❖ **橡子**　见"橡果"。

# 欧楂（Medlar）

———◆◆◆———

## 路西奥

他们应该就要

叫我跟那个**烂婊子**结婚了。

——《一报还一报》第四幕，第三场

**欧楂**　这是莎士比亚剧作中充满了隐喻色彩的一种果实，除了因为与 "meddler"（爱管闲事的人）拼写相似而被拿来玩文字游戏外，也被用在各种隐喻之中。它的果实像是很小的黄褐色的苹果，开始腐烂时才能食用，莎士比亚利用这一点将其作为性方面的影射。学者们曾经认为欧楂果实与女性生殖器相似，以此解读莎剧中欧楂出现的几个场景，但是最近的评论家有不同看法。欧楂树在法语里叫 "狗腚树"，果实在英语俚语中叫 "开腚果"，这很清楚地解释了茂丘西奥建议罗密欧把他的 "波普兰梨子"（一种形状酷似男性性器官的梨）插进哪里。一旦明白了这层意思，你就会更清楚这些场景背后的含义。看一看这种果实的样子也有助理解。

### 试金石

这棵树结的果子确实太坏。

### 罗瑟琳

那我就把它和你接种在一起，

再嫁接到**欧楂**树上，

这样它就是乡下最早成熟的果实。

因为你等不到半熟就会烂掉，

**欧楂**就是这个特点。

——《皆大欢喜》第三幕，第二场

### 茂丘西奥

爱情如果是盲目的，就射不中靶。

此刻他该坐在**欧楂**树下了，

希望他的情人是那种被女仆们称为**欧楂**，

并且私下说起来就会窃笑的果子。

啊，罗密欧，但愿她真的是！

但愿她能敞开身体，

迎接你的波普兰梨子。

——《罗密欧与朱丽叶》第二幕，第一场

### 艾帕曼特斯

这里有一只**欧楂**给你，吃吧。

### 泰门

我不吃我讨厌的东西。

### 艾帕曼特斯

你讨厌**欧楂**吗？

### 泰门

是的，因为它长得像你。

### 艾帕曼特斯

如果你能早点知道自己不喜欢**欧楂**，

现在就更该知道自爱了。

——《雅典的泰门》第四幕，第三场

# 薄荷（Mint）

### 潘狄塔

这是给你们的花儿，

热烈的薰衣草、**薄荷**、香薄荷、墨角兰。

——《冬天的故事》第四幕，第四场

### 亚马多

我就是那花——

### 杜曼

那**薄荷**花。

### 朗格维

那楼斗花。

——《爱的徒劳》第五幕，第二场

# 槲寄生（Mistletoe）[22]

### 塔摩拉

虽然是夏天，这些树木却是萧条而枯瘦的，

青苔和**槲寄生**侵蚀了它们的生机。

——《泰特斯·安德洛尼克斯》第二幕，第三场

**薄荷** 一类常用来烹饪或铺撒在地上除臭的药草，被厨师和医生用在各种地方。薄荷的药用功效非常多。

**槲寄生** 一种常绿寄生植物。槲寄生经常出现在苹果树、橡树、杨树还有椴树的树顶上。德鲁伊特人非常喜爱槲寄生神奇的庇护力量，北欧人相信和平之神就是被一支槲寄生制作的箭射死的，而当他复活后，槲寄生就受到了爱情女神的庇护，这让它从破坏的象征变成了爱情的象征，在槲寄生枝条下接吻的习俗也因此而来。

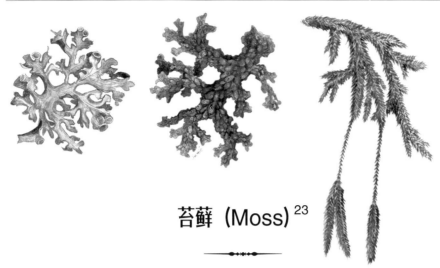

# 苔藓 (Moss)²³

### 阿德里安娜

莫让爬行的常春藤、野茨或

懒散的**苔藓**偷取你雨露阳光!

它们因为没有人加以修剪,

能把你的汁浆吸吮得精干。

——《错误的喜剧》第二幕,第二场

### 塔摩拉

虽然是夏天,这些树木却是萧条而枯瘦的,

青**苔**和槲寄生侵蚀了它们的生机。

——《泰特斯·安德洛尼克斯》第二幕,第三场

### 艾帕曼特斯

这些覆满苍**苔**的老树,

寿命超过鹰隼。

——《雅典的泰门》第四幕,第二场

### 霍兹波

高高的尖塔和长着青**苔**的高楼。

——《亨利四世》上篇,第三幕,第一场

### 奥列佛

在一棵橡树底下,

枝子都老得生**苔**了,

树顶都老得光秃了。

——《皆大欢喜》第四幕,第三场

### 阿维拉古斯

当百花凋谢的时候,

我还要用茸茸的苍**苔**,

掩覆你寒冷的尸体。

——《辛白林》第四幕,第二场

---

**苔藓**　苔藓在潮湿的地方,以及石头和树木上大片生长。它可以用来填充屋顶,或铺在屋顶下方,也被铺在牛棚里做牛睡觉时的垫草。苔藓象征着苍老、衰弱、荒凉、粗野……以及坟墓。

# 桑葚 / 桑树 （Mulberries）

### 伏伦妮娅

你勇敢的心，

如今像是最成熟的**桑葚**，

因为树枝不堪重负而谦卑地低下头。

——《科里奥兰纳斯》第三幕，第二场

### 彼得·昆斯

提斯帕躲在**桑树**的树荫里。

——《仲夏夜之梦》第五幕，第一场

### 求婚者

帕拉蒙走了，

到树林里去采**桑葚**了。

——《两贵亲》第四幕，第一场

### 提泰妮娅

给他吃杏子和露莓，

还有紫葡萄、青无花果和**桑葚**。

——《仲夏夜之梦》第三幕，第一场


有他在附近，鸟儿们就大喜过望，

有些唱歌，有些用它们的喙，

给他衔来**桑葚**和紫色的樱桃。

他喂它们以秀色，它们给他浆果吃饱。

——《维纳斯与阿多尼斯》

---

110 **桑葚 / 桑树** 白桑和黑桑在植物学上都与无花果同科。白桑生长很快，而黑桑作为古代人献给女神密涅瓦的祭品，生长速度非常缓慢，果实非常娇弱，稍微一按手指就会染上汁液。在奥维德的《变形记》里，黑桑的桑葚原本也是白色的，所以在取材于《变形记》的《仲夏夜之梦》中，提斯帕乘凉的那棵树很有可能是白桑。在 1609 年，詹姆士王想到了一个让国家快速致富的方法：为了让英国加入不断扩大的丝绸贸易，他买了十万棵桑树，开始养蚕。问题在于，他买的是黑桑，而蚕只吃白桑的叶子。

# 蘑菇 / 毒菌 (Mushroom / Toadstool)

### 普洛斯彼罗

小妖们在月下的草地上

留下了环舞的圈迹，

让羊群都不再吃草，

而你们的消遣就是半夜制造**菌蕈**。

——《暴风雨》第五幕，第一场

### 安·培琪

要在夜间歌唱，草原的小仙，

像嘉德武士一般站成一个**圆圈**。

让它变成一个绿色的图案，

比整个田野更肥沃更鲜艳。

——《温莎的风流娘儿们》第五幕，第五场

### 小仙

我给仙后奔走服务，

为**绿草环**缀上轻露。

——《仲夏夜之梦》第二幕，第一场

### 提泰妮娅

和着鸣啸的风声跳起**环舞**。

——《仲夏夜之梦》第二幕，第一场

### 阿贾克斯

**毒蘑菇**，告诉我布告说了什么。

——《特洛伊罗斯与克瑞西达》第二幕，第一场

**蘑菇 / 毒菌**　这两类都是指球状、多肉的真菌，蘑菇通常指真菌中可以食用的物种，而毒菌则是有毒的物种。在莎剧中，蘑菇圈是仙子居住和跳舞的地方。蘑菇因为生长速度快而闻名。

# 芥末 (Mustard)

### 葛罗米奥

你看一大片**芥末**牛肉如何?

### 凯瑟丽娜

这道菜我倒是很爱吃。

### 葛罗米奥

但是**芥末**太辣了受不了。

### 凯瑟丽娜

是吗？那就光要牛肉,

不要**芥末**好了。

### 葛罗米奥

不行, 那我不干。你必须要配**芥末**,

不然就别想从葛罗米奥这里得到牛肉。

### 凯瑟丽娜

那就两样都来一点儿, 或者只选一样,

随便你给我什么。

### 葛罗米奥

那就只给你**芥末**, 没有牛肉吧。

——《驯悍记》第四幕, 第三场

**芥末**　与卷心菜同科。"芥末"这个统称包括了英国原产的黑芥, 也可以指十字花科的任意一种, 这些植物几乎都可以被制成调味料。福斯塔夫台词中的"图克斯伯里"就是制作调料的地方。芥末膏是一种传统膏药。《圣经》中提到了"芥子大的信心", 是在强调芥子非常小, 由此可见提泰妮娅的仙奴"芥子"个头有多小。

## 波顿

芥子先生在哪儿？

## 芥子

有。

## 波顿

把您的小手儿给我，芥子先生。

请您不要多礼吧，好先生。

## 芥子

你有什么吩咐？

## 波顿

没有什么，好先生，只是请您帮蛛网骑士替咱搔搔痒。

——《仲夏夜之梦》第四幕，第一场

## 提泰妮娅

豆花！蛛网！飞蛾！芥子！

……

## 波顿

芥子先生，

咱知道您是个饱历艰辛的人。

那块庞大无比的牛肉

曾经把您家里好多人都吞去了。

不瞒您说，

您的亲戚们方才还呛得我掉下几滴苦泪呢。

咱希望跟您交个朋友，

芥子先生。

——《仲夏夜之梦》第三幕，第一场

## 罗瑟琳

傻瓜，你从哪儿学来的这一句誓言？

## 试金石

从一个骑士那儿学来的，

他以名誉为誓说煎饼很好，

又以名誉为誓说芥末不行，

可是我知道煎饼不行，芥末很好。

然而那骑士却也不曾发假誓……

如果用自己没有的东西发誓，就不算发假誓。

那位骑士也并没有违背他的名誉，

因为他本来就没有名誉；就算他有，

他也早就在看见那些煎饼和那些芥末之前，

把他的名誉都毁光了。

——《皆大欢喜》第一幕，第二场

## 福斯塔夫

吊死他！该死的猴子！

他的粗鲁劲儿像是图克斯伯里的芥末一样浓，

他脑子里的智慧比一根棒槌强不了多少。

——《亨利四世》下篇，第二幕，第四场

# 香桃木（Myrtle）

### 尤弗洛涅斯

我只是一个地位卑微的人。

我在他的汪洋大海之中，

不过等于一滴**香桃木**叶片上的露珠。

——《安东尼与克莉奥佩特拉》第三幕，第十场

维纳斯，坐在一棵**香桃木**的树荫里，

开始跟她身旁的阿多尼斯调情。

——《爱情的礼赞》

### 伊莎贝拉

上天是慈悲的，

它宁愿以雷霆的火力，

去劈碎一株挺拔壮硕的橡树，

却不去损坏柔弱的**香桃木**。

——《一报还一报》第二幕，第二场

她说完匆匆向一丛**香桃木**走去。

——《维纳斯与阿多尼斯》

**香桃木** 小型常绿树木，叶子暗绿色、有光泽，木质偏软，拥有奶白色芳香的花朵。香桃木成为婚礼花环、花冠和捧花的常用花朵，或许是因为它是爱神维纳斯的专属植物。

❖ **水仙** 见"黄水仙"。

# 荨麻 （Nettles）

### 考狄利娅

头上插满了恶臭的烟堇和犁草，

还有牛蒡、毒芹、**荨麻**、美人衫。

——《李尔王》第四幕，第四场

### 里昂提斯

使我的被褥蒙上不洁，让**荨麻**、

荆刺和黄蜂之尾来捣乱我的睡眠。

——《冬天的故事》第一幕，第二场

### 格特鲁德

在那儿，她用乌鸦花、**荨麻**、雏菊

与紫兰编织了一些绮丽的花圈。

——《哈姆雷特》第四幕，第七场

### 克瑞西达

那么我就像一株期盼五月的**荨麻**，

在他的泪雨之中生长。

——《特洛伊罗斯与克瑞西达》第一幕，第二场

### 萨特尼纳斯

在接骨木树下，

你只要拨开那些**荨麻**，

便可以找到你的酬劳。

——《泰特斯·安德洛尼克斯》第二幕，第三场

### 霍兹波

可是我告诉你吧，我的傻老爷，

我们要从这簇危险的**荨麻**里

摘到安全的花朵。

——《亨利四世》上篇，第二幕，第三场

### 理查二世

为我的敌人们

多生一些刺人的**荨麻**。

——《理查二世》第三幕，第二场

### 米尼涅斯

是**荨麻**我们就叫它**荨麻**，

是傻瓜就只能是傻瓜。

——《科里奥兰纳斯》第二幕，第一场

---

**荨麻** 生长于空旷牧场上。荨麻的尖刺会引发不适，让人产生一种烧灼感（虽然它在九种神圣的药草中排名第六）。"Nettles" 可以用来泛指任何具有类似恼人特质的植物，因此很容易被用作比喻。不过令人安心的是，缓解烧灼感的酸模总会生长在荨麻附近。

### 安东尼奥

他一定要在这里播种**荨麻**籽。

——《暴风雨》第二幕，第一场

### 伊里

草莓在**荨麻**底下最容易成长。

——《亨利五世》第一幕，第一场

### 帕拉蒙

我把您的轭轴当玫瑰花环，

虽然它比铅块还重，

比**荨麻**更加扎人。

——《两贵亲》第五幕，第一场

### 伊阿古

无论我们插**荨麻**、种莴苣。

——《奥赛罗》第一幕，第三场

# 肉豆蔻 / 肉豆蔻皮（Nutmeg / Mace）

**亚马多**

玛斯，那长枪万能的无敌战神，

给了赫克托一件礼物。

**杜曼**

一颗镀金的**豆蔻**。

——《爱的徒劳》第五幕，第二场

**奥尔良**

它有着**豆蔻**的颜色。

——《亨利五世》第三幕，第七场

**牧羊人之子（小丑）**

我要买些番红花粉来把

梨饼着上颜色。**肉豆蔻皮**？

椰枣？不要，我的单子上没有这个。

**肉豆蔻**，七枚；

生姜，一两块，没准我可以白要。

乌梅，四磅，还有同样多的葡萄干。

——《冬天的故事》第四幕，第三场

---

**肉豆蔻 / 肉豆蔻皮**　肉豆蔻原生于东印度群岛，坚硬芳香的种子和略带红色的假种皮（Mace，包裹着种子）都是很受欢迎的香料。肉豆蔻因为草药学和医学上的价值，以及能够给食物添加风味而受到重视。

# 橡树 (Oak)

## 普洛斯彼罗

我把火给予震雷，

用他自己的霹雳劈碎了

乔武大神结实的**橡树**。

——《暴风雨》第五幕，第一场

## 臣甲

他躺在一株**橡树**下，

苍老的树根露出来，

在沿着林子潺潺流去的溪水边。

——《皆大欢喜》第二幕，第一场

## 华列克

它的树顶俯视着**乔武大神之树**广阔的华盖，

也让低矮的灌木免遭强劲的寒风吹袭。

——《亨利六世》下篇，第五幕，第二场

## 奥列佛

在一棵**橡树**底下，

枝子都老得生苔了，

树顶都老得光秃了。

——《皆大欢喜》第四幕，第三场

## 培尼狄克

一株秃得只剩一片青叶子的**橡树**，

也会忍不住跟她拌嘴。

——《无事生非》第二幕，第一场

## 伊莎贝拉

去劈碎一株挺拔壮硕的**橡树**。

——《一报还一报》第二幕，第二场

## 范顿

今夜十二点钟到一点钟之间，

在赫恩**橡树**的近旁。

——《温莎的风流娘儿们》第四幕，第六场

## 罗瑟琳

树上会落下这样的果子来，

那真可以说是**乔武大神的树**了。

——《皆大欢喜》第三幕，第二场

**橡树**　橡树因高大、长寿、木质优良闻名，常被用来象征各种特质——力量、可靠、耐力、坚定、坚韧。橡枝花环是胜利的象征，结有橡果的树枝代表着对未来的投资。因为太过高大，橡树也被称作"乔武大神的树"。在《仲夏夜之梦》中，有一棵"公爵的橡树"，位于因贡萨加家族而有"文艺复兴小雅典"之称的意大利萨比奥内塔。《温莎的风流娘儿们》中的赫恩橡树则得名于理查二世时代"猎人赫恩"的传说。

### 马歇斯

谁要是信赖着你们的欢心，

就等于用铅造的鳍游泳，

用灯芯草去砍伐**橡树**。

——《科里奥兰纳斯》第一幕，第一场

### 福斯塔夫

请您在半夜时候，

到赫恩**橡树**那儿去，

就可以看见新鲜的事儿。

——《温莎的风流娘儿们》第五幕，第一场

### 彼得·昆斯

咱们在公爵的**橡树**下再见。

——《仲夏夜之梦》第一幕，第二场

### 培琪大娘

他们都躲在赫恩**橡树**近旁的一个土坑里。

### 福德大娘

时间快到啦，到**橡树**底下去，

到**橡树**底下去！

——《温莎的风流娘儿们》第五幕，第三场

### 安·培琪

等到钟鸣一下，可不要忘了，

我们还要绕着**橡树**舞蹈。

——《温莎的风流娘儿们》第五幕，第五场

### 泰门

**橡树**长橡果，

野茨丛长着红色浆果。

——《雅典的泰门》第四幕，第三场

### 涅斯托

在烈风的吹拂下，

多节的**橡树**也弯折了。

——《特洛伊罗斯与克瑞西达》第一幕，第三场

### 伏伦妮娅

他已经第三次戴着**橡**叶冠回来了。

——《科里奥兰纳斯》第二幕，第一场

### 泰门

无数的人像叶子依附橡树一般依附着我，

可是经不起冬风一吹，他们便落下枝头，

剩下我赤裸裸的枯干，去忍受风雨的摧残。

——《雅典的泰门》第四幕，第三场

### 伊阿古

她当时那么年轻，就能蒙骗她的父亲，

让他对橡树那么大的东西都视而不见。

——《奥赛罗》第三幕，第三场

### 普洛斯彼罗

假如你再要嘟囔的话，我要劈开一株橡树，

把你钉进它多节的内心。

——《暴风雨》第一幕，第二场

### 阿维拉古斯

对你来说，芦苇和橡树没什么区别。

——《辛白林》第四幕，第二场

### 李尔

劈碎橡树的巨雷。

——《李尔王》第三幕，第二场

### 纳森聂尔

我虽然违背了自己的誓言，

但对你我可以证明忠贞。

昔日的种种思绪曾经如橡树，

今朝在你面前已化作依人的弱柳。

——《爱的徒劳》第四幕，第二场

### 伏伦妮娅

我让他参加一场残酷的战争，

当他回来的时候，

头上戴着橡叶的荣冠。

——《科里奥兰纳斯》第一幕，第三场

### 信使

一棵质地坚硬的橡树，

即便用一柄小斧去砍，

那斧子虽小，但如砍个不停，终必把树砍倒。

——《亨利六世》下篇，第二幕，第一场

### 培琪大娘

有一个古老的传说，

说是曾经在这温莎地方管林子的猎夫赫恩，

鬼魂常常在冬天的深夜里出现，

绕着一株**橡树**兜圈子，

头上还长着又粗又大的角……

### 培琪大娘

是呀，

有许多人不敢在深夜里经过这株赫恩的**橡树**呢……

### 福德大娘

福斯塔夫要在那**橡树**的旁边等着我们。

——《温莎的风流娘儿们》第四幕，第四场

### 蒙太诺

哪种**橡树**制造的船骨

面对山一样的巨浪能支撑得住?

——《奥赛罗》第二幕，第一场

### 考密涅斯

但他证明了自己是战场上顶勇敢的男子，

为了旌扬他的功勋，他的额上被加上了**橡**叶的荣冠。

——《科里奥兰纳斯》第二幕，第二场

### 守卒乙

我们的主将是个好汉，

他是岩石，是风吹不折的**橡树**。

——《科里奥兰纳斯》第五幕，第二场

### 伏伦妮娅

却不妨霹雳一声，震倒一棵**橡树**。

——《科里奥兰纳斯》第五幕，第三场

### 凯斯卡

我曾经看见咆哮的狂风劈碎多节的**橡树**。

——《裘力斯·恺撒》第一幕，第三场

### 信使

他头戴胜利者独有的**橡树**叶环。

——《两贵亲》第四幕，第二场

时间的荣耀在于……

将老**橡树**的汁液风干……

——《鲁克丽丝》

### 宝丽娜

正如**橡树**或石头的忠贞。

——《冬天的故事》第二幕，第三场

# 燕麦 (Oats)

### 埃瑞斯

刻瑞斯，最富饶的女神，你肥沃的田地生长着

小麦、黑麦、大麦、野豌豆、**燕麦**和豌豆。

——《暴风雨》第四幕，第一场

### 春之歌

当牧童口中吹着**麦**笛。

——《爱的徒劳》第五幕，第二场

### 波顿

真的，来一堆刍秣吧！

您要是有好的干**燕麦**，

也可以给咱大嚼一顿。

——《仲夏夜之梦》第四幕，第一场

### 葛罗米奥

大爷，马已经备好了，

**燕麦**已经把马都吃光了。

——《驯悍记》第三幕，第二场

### 军官

我不会拖车子，也不会吃干**麦**，

但只要是男子汉干的事，我就会干。

——《李尔王》第五幕，第三场

### 脚夫甲

可怜的家伙！自从**燕麦**涨价以后，

他就没有快乐过一天。他是为这件事情急死的。

——《亨利四世》上篇，第二幕，第一场

### 狱卒的女儿

有那么两百来捆草，还有二十二筐**燕麦**，

可他才不会娶她呢。

——《两贵亲》第五幕，第二场

---

**燕麦** 一种谷物，可做粮食和饲料。燕麦很容易生长，因此比小麦便宜，被认为不如小麦珍贵。就像把"麻"（Hemp）称作"大麻"（Hempen）一样，"Oaten"也是一种对燕麦的贬称，暗示那是乡下人而不是精明世故的城里人的叫法。燕麦秆可以用作乡下牧笛的簧片。

# 橄榄 (Olive)<sup>24</sup>

### 克莱伦斯

上天已把**橄榄**枝和月桂冠赋予你。

——《亨利六世》下篇，第四幕，第六场

### 艾希巴蒂斯

带我到你们的城里去，

我要一手执着**橄榄**枝，一手握着宝剑。

——《雅典的泰门》第五幕，第四场

### 恺撒

全面和平的时候已经不远了，

但愿今天一战成功，

让这三足鼎立的世界永远拥有**橄榄**枝！

——《安东尼与克莉奥佩特拉》第四幕，第六场

### 罗瑟琳

要是你想知道我家在何处，

请到这附近的那片**橄榄**树林来寻访好了。

——《皆大欢喜》第三幕，第五场

### 奥列佛

在这座树林的边界有没有一座被**橄榄**树围绕着的

牧羊人小屋？

——《皆大欢喜》第四幕，第三场

### 薇奥拉

我不是来向您宣战，

也不是来要求您臣服。

我手里握着**橄榄**枝，

我的话里充满了和平，也充满了意义。

——《第十二夜》第一幕，第五场

### 威斯摩兰

和平女神已经把她的**橄榄**枝遍插各处。

——《亨利四世》下篇，第四幕，第四场

和平在宣告**橄榄**枝永久葱茏。

——《十四行诗》第一百零七首

---

**橄榄** 从希腊神话的时代起，橄榄就代表着和平。虽然莎士比亚时期，橄榄树在英国并没有被大量种植，但橄榄和橄榄油都很受欢迎。

# 洋葱（Onion）

### 波顿

我最亲爱的各位演员，

别吃**洋葱**和大蒜，

因为咱们可不能把人家熏倒胃口。

——《仲夏夜之梦》第四幕，第二场

### 拉佛

我的眼睛像被**洋葱**蜇了，

真的要哭起来了。

朋友，借块手帕儿给我，谢谢你。

——《终成眷属》第五幕，第三场

### 艾诺巴博斯

必须洒几滴眼泪的话，

尽可以借助**洋葱**的力量。

——《安东尼与克莉奥佩特拉》第一幕，第二场

### 艾诺巴博斯

瞧，他们都在哭了，我这蠢材的

眼睛也被**洋葱**熏到了。

——《安东尼与克莉奥佩特拉》第四幕，第二场

### 贵族

要是这孩子缺乏女人家的本事，

说声哭，泪水就如雨点般流，

那就把**洋葱**包在手帕里，擦一下，

眼泪就流出来了。

——《驯悍记》序幕，第一场

**洋葱** 与韭葱和大蒜同属，三者都可以食用，生熟均可，也都会与穷困的人联系在一起。洋葱能够引起口臭、使人流泪，这是莎士比亚的时代之前就众所周知的。

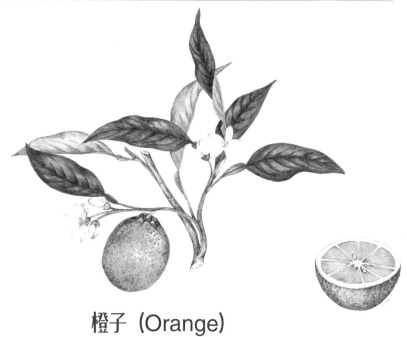

# 橙子 (Orange)

### 碧阿翠斯

这位伯爵无所谓高兴不高兴，

也无所谓害病不害病。

您瞧他皱着眉头，

也许他吃了一只酸酸的**橙子**，

心里头有一股酸溜溜的味道。

——《无事生非》第二幕，第一场

### 米尼涅斯

你们费去整整一个大好下午，

审判一个卖**橙子**的女人

跟一个卖塞子的男人涉讼的案件。

——《科里奥兰纳斯》第二幕，第一场

### 克劳迪奥

不要把这只坏**橙子**送给你的朋友。

——《无事生非》第四幕，第一场

---

**橙子**　橙子树是柑橘类果树中最早在英国栽培的一种，到 16 世纪晚期，橙子已是英国市场上常见的商品。之前，英国的橙子从西班牙大量进口，剧场里会卖橙子作为小吃。卖橙子的女人地位只比妓女高一点点，类似卖蔬果的小贩（参见"苹果"）。

# 牛唇报春（Oxlip）

### 潘狄塔

挺拔的**牛唇报春**和皇冠贝母。

——《冬天的故事》第四幕，第四场

### 男孩（唱）

**牛唇报春**好似在摇篮中生长。

——《两贵亲》第一幕，第一场

### 奥布朗

我知道一处水岸……

遍布着**牛唇报春**和盈盈的紫罗兰。

——《仲夏夜之梦》第二幕，第一场

**牛唇报春**　黄花九轮草和欧报春的近亲。牛唇报春的花瓣呈更深一些的黄色，花朵都向一侧垂。它在英国东部之外的地方很少见。

# 棕榈 (Palm) [25]

### 罗瑟琳

看我在一株**棕榈**上找到了什么。

——《皆大欢喜》第三幕，第二场

### 哈姆雷特

两邦之宜将盛如**棕榈**。

——《哈姆雷特》第五幕，第二场

### 伏伦妮娅

高举着象征胜利的**棕榈**，

因为你已经勇敢地挥洒了你妻儿的鲜血。

——《科里奥兰纳斯》第五幕，第三场

### 凯歇斯

独占着**获胜**的光荣。

——《裘力斯·恺撒》第一幕，第二场

### 画师

您会再次看到他如雅典的一棵**棕榈**，

扬眉吐气、位居要津。

——《雅典的泰门》第五幕，第一场

### 梦境

六个人物迈着庄严而轻盈的步伐依次走上。

他们身穿白袍，头戴月桂枝编的冠，

脸上蒙着金色面具，手里举着月桂枝或**棕榈**枝。

——《亨利八世》第四幕，第二场

---

**棕榈**　生长于热带。朝圣者从圣地或其他宗教场所归来时，经常佩戴着棕榈叶子。在"棕枝主日"，人们会举起棕榈枝
（莎士比亚时代的英国人经常用柳枝代替）。自古以来，棕榈就代表着和平与胜利，无论被用在"bear the palm"（获胜）
还是"yield the palm"（失败）等短语中时，都有"卓越"与"荣耀"之意。

# 三色堇（Pansy）

爱懒花（Love-in-idleness），丘比特之花（Cupid's Flower）

### 路森修

当我在这儿闲望着他们的时候，

我却在无意中感到了

**爱懒花**的魔力。

——《驯悍记》第一幕，第一场

### 奥布朗

但是我看见那支箭却落在西方一朵小小的花上。

那花本来是乳白色的，现在已因爱情的创伤被染成紫色，

少女们把它称作**"爱懒花"**。

去给我把那花采来，我曾经给你看过它的样子。

它的汁液如果滴在睡着的人的眼皮上，无论男女，

醒来一眼看见什么生物，都会发疯似的对它爱慕。

——《仲夏夜之梦》第二幕，第一场

### 奥布朗

这一朵狄安花有神奇的魔力，

能让**丘比特之花**的功效消失。

——《仲夏夜之梦》第四幕，第一场

### 奥菲利娅

这些是三色堇——代表了思绪。

——《哈姆雷特》第四幕，第五场

**三色堇** 莎士比亚笔下的 "爱懒花" 可能是指英国当地的野生三色堇。据说 "Pansy" 这个名字是从法语词汇 "pensees" 而来，如奥菲利娅所说，它意味着 "思绪"。三色堇的医学用途包括治疗心脏疾病，所以才有 "爱懒花" 的绰号。

# 荠菜 (Parmaceti)

牧羊人的钱包 ( Shepherd's Purse )

### 霍兹波

那时我创血初干，遍身痛楚，

这饶舌的鹦鹉却向我缠扰不休。

因为痛苦和不耐烦，我不经意地回答了他两句，

自己也记不起来说了些什么话。

他简直使我发疯，瞧见他那种美衣华服、

油头粉面的样子，

夹着一阵阵脂粉的香味，

讲起话来活像一个使女的腔调，

偏要高谈什么枪炮战鼓、杀人流血——

上帝恕我这样说！

他还告诉我**荠菜**是医治内伤的特效秘方，

人们不该把制造火药的

硝石从善良的大地腹中发掘出来，

使无数大好的健儿因之遭到暗算，一命呜呼。

——《亨利四世》上篇，第一幕，第三场

# 欧芹 (Parsley)

### 比昂台罗

我知道有一个女人，

一天下午在园里拔**欧芹**喂兔子，

就这样莫名其妙地跟人家结了婚。

——《驯悍记》第四幕，第四场

---

**荠菜** 又叫"牧羊人的钱包"或"穷人的鲸蜡"。据杰拉德说，它的汁液能够止住内脏出血——尽管霍兹波所说的"内伤"或许并不是指肉体受伤。它拉丁文名中的"Bursa"一词意思是钱包，因此，或许霍兹波在暗示，受贿就是治疗内伤的最好方法。

**欧芹** 厨房、菜园中常见的多叶药草，可以为肉、汤和炖菜去腥。

# 桃（Peach）

### 庞贝

还有一个舞迷少爷，

是让锦缎店的老板告下来的，

前后共欠**桃**红色缎袍四身，

这会儿他可成为衣不蔽体的叫花子了。

——《一报还一报》第四幕，第三场

### 太子

还要记着你有几双丝袜：

这双，还有那双，本来是**桃**红色的。

——《亨利四世》下篇，第二幕，第二场

---

**桃**　我们有理由不将这种水果收录在书中，因为莎士比亚只提到了"桃红色"。不过伊丽莎白时期的人们已经很熟悉桃子了，从热那亚进口的成箱的甜美蜜桃至少有七次被进贡给女王，而她获赠的桃色衣物更是多得不得了——马甲、衬裙、睡衣、套袖（或许收衣服更安全，因为据说约翰王就是因为食用桃子过量而死的）。当时的时装界把桃红色当作年度流行色，就像如今我们也会选出流行色一样。莎士比亚提到的"桃红"是缎子和长袜的颜色，不过也隐含了"控告"（impeach）之意。

# 梨 (Pear) [26]

冬梨（Warden），波普兰梨子（Popering）

---

### 牧羊人之子（小丑）

我要买些番红花粉来把**梨**饼着上颜色。

——《冬天的故事》第四幕，第三场

### 帕洛

你那贞操，你那长久的贞操，

就像我们的法国干**梨**一样，

样子难看，吃起来也无味。

真是的，本来是好的，但现在就是个干**梨**。

——《终成眷属》第一幕，第一场

### 福斯塔夫

他们一定会用俏皮话把我挖苦得

像一只干瘪的**梨**一样丧气。

——《温莎的风流娘儿们》第四幕，第五场

### 茂丘西奥

啊，罗密欧，但愿她真的是！

但愿她能敞开身体，

迎接你的**波普兰梨子**。

——《罗密欧与朱丽叶》第二幕，第一场

---

**梨**　在莎士比亚的时代，梨与苹果同样盛产，但是比苹果更珍贵，因为果肉更加细嫩。像苹果一样，梨也被用在各种比喻中，绝大多数与性有关（比如帕洛把它比作子宫）。茂丘西奥提到欧楂时说的"波普兰梨子"是西欧弗拉芒的一种梨，还与"pop her in"（进入她）谐音。冬梨（又称"Lukeward"）被认为适合烤制后食用。

# 豌豆 （Peas）

豌豆荚（Peascod），豌豆花（Peaseblossom），嫩豌豆荚（Squash）

---

### 埃瑞斯

刻瑞斯，最富饶的女神，你肥沃的田地生长着

小麦、黑麦、大麦、野豌豆、燕麦和**豌豆**。

——《暴风雨》第四幕，第一场

### 脚夫乙

这儿的**豌豆**和大豆全都是潮湿霉烂的。

——《亨利四世》上篇，第二幕，第一场

### 俾隆

这家伙惯爱拾人牙慧，就像鸽子啄食**豌豆**。

——《爱的徒劳》第五幕，第二场

### 波顿

咱宁可吃一两把干**豌豆**。

——《仲夏夜之梦》第四幕，第一场

### 弄人

他是一个剥空了的**豌豆荚**。

——《李尔王》第一幕，第四场

### 试金石

我记得我曾经把一个**豌豆荚**

权当作她而向她求婚。

——《皆大欢喜》第二幕，第四场

### 马伏里奥

说是个大人吧，年纪还太轻；

说是个孩子吧，又嫌大些：

就像是一个没有成熟的**豌豆荚**，

或是一只半生的苹果。

——《第十二夜》第一幕，第五场

### 老板娘（快嘴桂嫂）

好，再会吧。

到了今年**豌豆**生荚的时候，

我跟你算来也认识了二十九个年头啦。

——《亨利四世》下篇，第二幕，第四场

### 里昂提斯

那时节我是多么像这个小孩儿，

这个**生豆荚**、这位小少爷。

——《冬天的故事》第一幕，第二场

### 波顿

啊，请多多替咱向令堂**豆荚**女士和

令尊**豆壳**先生致意。

——《仲夏夜之梦》第三幕，第一场

---

**豌豆** 新鲜的嫩豌豆是美味佳肴，但是这种菜园里常见的植物大多是作为饲料或平民的食物。豌豆很容易干燥储存，到冬天再泡水恢复原状食用（相比那些臭名昭著的、容易让人放屁的豆子，豌豆要受欢迎得多）。豌豆荚中包含着独立的豌豆（经常被用来当作性暗示），幼嫩的豌豆荚叫作 "Squash"。《仲夏夜之梦》中的一个仙子叫豆花，可见她是一个娇弱美丽的小精灵。

❖ **芍药（Peony）** 一直以来，许多编辑和学者都误认为《暴风雨》的台词 "你的河岸经过挖掘，围上树篱笆"（Thy banks with pioned and twilled brims）中的 "pioned" 一词其实是 "peony"。为了自圆其说，他们甚至一厢情愿地把台词中

的"twilled"当作"tulip'd"（开满郁金香的）、"willow'd"（种满柳树的），甚至是"lilied"（开满百合的）！一些头脑更清醒的人则把它理解为"tilled"（耕种过的）。这种思路比较合理，因为"pion"是"dig"（挖掘）这个词的古体［也是"pioneer"（先锋）一词的词根］，而"twilled"则有"被夷平的""呈起伏状的""被修整过的"等多种含义。所以，就像剧中提到的其他地方（比如草地和牧场），台词中的河岸是经过修整，用来种其他远不如芍药那样浪漫的植物的。实际上，在这段台词以及这一幕场景中，也都没有其他花卉出现。学者们认为莎士比亚笔误的地方，往往后来被证明并没有错误。所以，我们没有在本书正文中收录这段关于"芍药"的台词。

# 胡椒（Pepper）

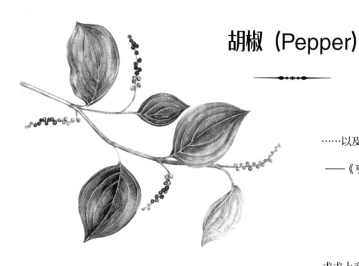

### 霍兹波

……以及这一类**胡椒**姜糖片似的酥麻言语。

——《亨利四世》上篇，第三幕，第一场

### 福斯塔夫

我已经忘了教堂的内部是个什么样儿。

要是说假话，我就是一粒**胡椒**籽儿，

是给酿酒人拉车的马。

——《亨利四世》上篇，第三幕，第三场

### 太子

求求上帝，但愿你没把他们几个人杀死。

### 福斯塔夫

哼，求告上帝已经来不及了，

他们中间有两个人已经被我**打得没人样**了。

——《亨利四世》上篇，第二幕，第四场

### 福德

这回一定不让他逃走，他一定逃不了。

连放小钱的钱袋，连**胡椒**盒子，

我都要倒出来看看。

——《温莎的风流娘儿们》第三幕，第五场

### 福斯塔夫

我领着一群叫花子，已经**被人暴打**了一顿。

——《亨利四世》上篇，第五幕，第三场

### 茂丘西奥

我**完蛋**了，我保证，这辈子完了。

——《罗密欧与朱丽叶》第三幕，第一场

### 安德鲁·艾古契克爵士

挑战书已经写好在此，你读读看，

我保证它还带着醋和**胡椒**的呛酸味儿呢。

——《第十二夜》第三幕，第四场

---

**134**　**胡椒**　胡椒和胡椒籽儿在莎士比亚的时代都是很受欢迎的东西。胡椒籽儿经干燥被粗磨或者细磨后，会放在特制的放香料的小盒子里——尽管"peppercorn rent"（直译为"胡椒籽儿一样的租金"）的意思是"极低的租金"。"Peppered"的意思是"受到穷追猛打"[可能是因为胡椒籽儿（Peppercorn）的发音会让人想到玩具枪（popguns）]、"被彻底打败"、"彻底完蛋"等。

# 栗根芹 (Pig-nut)

### 凯列班

请您让我带您到长着野酸果的地方，

我要用我的长指甲给您挖**栗根芹**。

——《暴风雨》第二幕，第二场

# 松树 (Pine)

### 普洛斯彼罗

她在一阵暴怒中借着强有力的妖役的帮助，

把你幽禁在一株坼裂的**松树**中……

——《暴风雨》第一幕，第二场

### 普洛斯彼罗

是我到了这里之后，听见了你的呼号，

才用我的法术使那株**松树**张开裂口，

把你放了出来。

——《暴风雨》第一幕，第二场

**栗根芹**　也叫 "Earth-nuts"。这种原生于英国草地和林地的植物有可以食用的块茎，味道甘甜，且带有一种酸酸的余味。在莎士比亚的时代，食用它的人很多，如今它仍然是很受欢迎的猪饲料，猪会到地里挖这种东西吃。

❖ **琉璃繁缕（Pimpernell）**　亨利·潘佩内尔（Henry Pimpernell）和他的朋友彼得·忒夫出现在《驯悍记》的序幕中，都是克里斯托弗·斯赖梦中的人物，并非真实存在。琉璃繁缕是一种生长缓慢的野草，花为红色，外号 "牧羊人的晴雨表"，因为天气不佳时，它的花朵会闭合起来。"Pimpernell" 一词在莎剧中只是作为角色的姓氏出现，而亨利·潘佩内尔也没有任何对白。我们将这种植物的图像收录在了目录左侧的那一页上。

### 萨福克

这算是把一棵高大的**松树**连枝带叶扳倒了。

——《亨利六世》中篇，第二幕，第三场

### 普洛斯彼罗

连根拔起苍**松**和雪松。

——《暴风雨》第五幕，第一场

### 阿伽门农

正像缠结的树瘿扭曲了**松树**的纹理，

妨害了它的发展。

——《特洛伊罗斯与克瑞西达》第一幕，第三场

### 安东尼奥

或是叫那山上的**松树**，

在受到天风吹拂的时候，

不要摇头摆脑，发出簌簌的声音。

——《威尼斯商人》第四幕，第一场

我的命啊！

茂盛的青**松**，如果树皮被剥去，

针叶就会凋零，树汁也会腐坏。

我的灵魂也被剥了皮，所以也是一样的命运！

——《鲁克丽丝》

### 培拉律斯

像最粗暴的狂风一般凶猛，

他们的威力可以拔起岭上的**松树**，

使它向山谷弯腰。

——《辛白林》第四幕，第二场

### 臣甲

我在一丛**松树**后面碰见他们。

——《冬天的故事》第二幕，第一场

### 理查二世

可是当太阳从地球的下面升起，

把东山上的**松**林照得一片通红……

——《理查二世》第三幕，第二场

### 安东尼

在那株**松树**矗立的地方，

我可以望见一切。

——《安东尼与克莉奥佩特拉》第四幕，第十二场

### 安东尼

剩着这一株凌霄独立的孤**松**。

——《安东尼与克莉奥佩特拉》第四幕，第十二场

---

**松树**　一般认为莎剧中的松树指的是欧洲赤松（Scots Pine）——一种高大的常绿树木，其松香和又长又直的树干很有价值，后者被用来做船舶的桅杆。莎士比亚常将松树与威严、高大、强壮联系在一起。

❖ **皮平苹果**　见"苹果"。

# 悬铃木
# (Plane Tree)

## 狱卒的女儿

我把他送到一棵雪松那里，

它比别的树都高，像撑开的**悬铃**伞，

紧挨着小溪。

——《两贵亲》第二幕，第六场

---

**悬铃木**　即法国梧桐／三球悬铃木（Platanus orientalis）。莎士比亚唯一一次提到这种遍生阔叶、树皮光滑的植物是在《两贵亲》中，但请不要把它与我们今天熟悉的英国梧桐／二球悬铃木（London Plane / Platanus hispanica）搞混，后者是17世纪才嫁接成功的（不过"Plane"这个词有时候确实也指悬铃木叶槭，因为两者叶形相似）。

# 车前 〔Plantain / Plantan〕

### 考斯塔德

啊，先生，敷上**车前**就行，

只要一片**车前**！

不要说明，不要说明！

也不要膏药，先生，

我就要**车前**！

——《爱的徒劳》第三幕，第一场

### 毛子

因为说起来大脑袋把腿摔坏了，

接着你就要求说明。

### 考斯塔德

是啊，我就要**车前**。

——《爱的徒劳》第三幕，第一场

### 罗密欧

你的**车前**叶子正好用来治伤。

### 班伏里奥

治什么伤？

### 罗密欧

医治你跌伤的小腿骨。

——《罗密欧与朱丽叶》第一幕，第二场

### 帕拉蒙

这些小伤小病，不需要**车前**来医治。

——《两贵亲》第一幕，第二场

**车前** 莎士比亚这里指的不是菜蕉的叶子。车前这种常见于路边的野草是盎格鲁－撒克逊人心目中九种神圣的药草之一。它具有很高的医用价值，特别是作为一种止血剂来处理伤口时，可以抑制血液流动。它本质上与今天的邦迪创可贴无异，所以罗密欧才用它来取笑班伏里奥蹩脚的感情建议。《爱的徒劳》中，毛子开玩笑地问起一个大脑袋（"考斯塔德"一名意为英国的一类苹果品种，也指人头）怎么可能小腿受伤时，也提到了车前。而特洛伊罗斯在剧中说的"plantage"则更有可能是泛指一般的植物。

# 欧洲李 / 西梅 (Plum)

乌荆子李（Damsons），西梅干（Prunes）

### 福斯塔夫

你的信心还不如一颗煮熟的**西梅干**多。

——《亨利四世》上篇，第三幕，第三场

### 牧羊人之子（小丑）

**乌梅**，四磅，还有同样多的葡萄干。

——《冬天的故事》第四幕，第三场

### 哈姆雷特

这个善讽刺的坏人说，

老年人有灰色的胡子，

脸上皱巴巴的，

眼里流出的脓液像琥珀或者**李子**树的胶。

——《哈姆雷特》第二幕，第二场

### 教师

那些基本跳法我不早就辛辛苦苦教给你们、

灌给你们了？打个比方说，

我那些学问做成的**李子**羹，

不早都放在你们面前了吗？

——《两贵亲》第三幕，第五场

---

**欧洲李 / 西梅**　野外和果园中均可生长的汁多味美的水果，也经常被加入浓汤和布丁中。欧洲李和西梅树树干分泌的胶质有药效，干燥腌制、供过冬食用的西梅干叫"Prunes"，炖软后可以作为通便药。乌荆子李是一种长得很像李子的水果，因为太酸不能生吃，所以经常被做成果酱或蜜饯，也带有性意味。"西梅干"一词有时会与妓院联系在一起。到16世纪，葡萄干的受欢迎程度渐渐超过了西梅干，不过这两个词通常可以互换使用。

#### 埃文斯师傅

我会在你的婚礼上跳舞、吃**李子**。

——《温莎的风流娘儿们》第五幕，第五场

❦

#### 辛普考克斯

是从树上跌下来的。

#### 辛普考克斯之妻

是一棵**李子**树，老爷。

——《亨利六世》中篇，第二幕，第一场

❦

**西梅**熟了自然会落下，

青的仍然挂在枝头，

太早去摘，摘下来的味道也是酸的。

——《维纳斯与阿多尼斯》

#### 斯兰德

三个回合赌一碟蒸熟的**西梅**。

——《温莎的风流娘儿们》第一幕，第一场

#### 桃儿

哼，恶棍！他是靠着发霉的煮**西梅**和干面饽饽过活的。

——《亨利四世》下篇，第二幕，第四场

#### 康斯坦丝

赏给你一颗**西梅**、一粒樱桃和一枚无花果。

——《约翰王》第二幕，第一场

#### 庞贝

嚷着要吃煮熟的**西梅**——

我这么说请老爷别见怪。

——《一报还一报》第二幕，第一场

#### 乡民乙

去他妈的一碗**李子**羹！

他摔跤？他摔个蛋啊！

——《两贵亲》第二幕，第二场

❦

#### 葛罗斯特

呵，你大概十分喜爱**李子**，才去冒这个险吧？

#### 辛普考克斯

哎呀，好老爷，

我老婆想吃大个儿**李子**，

叫我爬树，几乎叫我把命都送了。

——《亨利六世》中篇，第二幕，第一场

❦

#### 庞贝

我刚才也说过，她嚷着要吃**西梅**。

——《一报还一报》第二幕，第一场

#### 庞贝

那么很好，您还记得吗？

那时候您正在那儿嗑着**西梅**的核儿。

——《一报还一报》第二幕，第一场

# 石榴（Pomegranate）

━━◆◆◆◆◆━━

### 拉佛

你在意大利

就因为从**石榴**里掏了一粒籽，

被人家揍过。

——《终成眷属》第二幕，第三场

### 朱丽叶

那刺进你惊恐的耳膜中的，不是云雀，是夜莺的声音；

它每天晚上在那边的**石榴**树上歌唱。

——《罗密欧与朱丽叶》第三幕，第五场

### 弗兰西斯

就来，就来，先生。劳尔夫，

你去下面的"**石榴**房间"照料照料。

——《亨利四世》上篇，第二幕，第四场

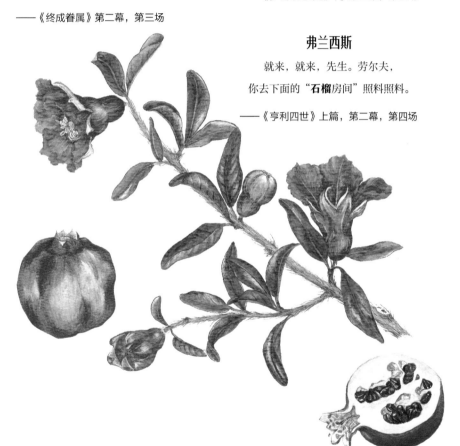

**石榴**　石榴树作为一种小型果树被广泛种植于温带国家。因为多籽，石榴象征着性与繁殖力。不过，作为希腊神话中冥后珀耳赛福涅的标志，朱丽叶提到石榴乃是不祥之兆。石榴一度被认为就是伊甸园里的苹果。在《亨利四世》的那段台词中，它是酒馆中一个房间的名字。

❖ **水苹果**　见"苹果"。

❖ **波普兰梨子**　见"梨"。

# 罂粟 (Poppy)

————◆◆◆◆◆————

### 伊阿古

**罂粟**、秋茄参或是世上一切使人昏迷的药草，
都不能使你得到昨天晚上还在安然享受的酣眠。

————《奥赛罗》第三幕，第三场

# 薯 (Potato)

————◆◆◆◆◆————

### 福斯塔夫

让天上落下催情的甜**薯**吧，
让雷声和着《绿袖子》的调子，
让糖梅子、滨刺芹像冰雹雪花般落下来吧。

————《温莎的风流娘儿们》第五幕，第五场

### 忒耳西忒斯

那个屁股胖胖的、
手指粗得像甘**薯**般的荒淫的魔鬼，
怎么会把这两个宝货撮在一起！

————《特洛伊罗斯与克瑞西达》第五幕，第二场

**罂粟**　伊阿古提到的是那种可以制作鸦片的罂粟，因毒性和催眠效果而著名。更可怕的是，这种花如果和秋茄参（曼德拉草）一起服用，会产生严重到致命的副作用。

**薯**　学者们一直在争论这个词到底是指哪种植物的块茎，有人说是马铃薯，有人说是甘薯，不过甘薯据说有壮阳作用（"能够引起性欲"，杰拉德如是说），因此也更符合福斯塔夫的台词想要表达的意思。而针对忒耳西忒斯的台词，甘薯的外形也更像手指。不过杰拉德在一幅画像里也曾自豪地拿着新品种的"弗吉尼亚马铃薯"，他说这种马铃薯是杂交后代。

# 欧报春 (Primrose)

### 王后

紫罗兰、黄花九轮草、**报春花**，

都给我拿到我的房间里去。

——《辛白林》第一幕，第五场

### 玛格丽特王后

我宁可哭得双目失明，呻吟得疾病缠身，

泣血叹息到面色苍白如同**报春花**一般，

只要能使尊贵的公爵复活过来。

——《亨利六世》中篇，第三幕，第二场

### 阿维拉古斯

你不会缺少像你面庞一样惨白的**报春花**。

——《辛白林》第四幕，第二场

### 赫米娅

就是你我常常在

那边淡雅的**报春花**毯上躺着的地方。

——《仲夏夜之梦》第一幕，第一场

### 潘狄塔

恬淡的**报春花**，

还不曾看见光明的福玻斯在中天大放荣辉，

便以未嫁之身奄然长逝。

——《冬天的故事》第四幕，第四场

### 奥菲利娅

自己却像一个放纵轻狂的荒唐少年，

**任意**四处留情，

不顾自己的言论。

——《哈姆雷特》第一幕，第三场

### 门房

我倒很想放进几个各色各样的人来，

让他们**一意孤行**，

一直到刀山火焰上去。

——《麦克白》第二幕，第三场

### 男孩 (唱)

**报春花**是春天的头生，

为欢乐的春光报信。

——《两贵亲》第一幕，第一场

目睹着我躺在这开满

**报春花**的岸边。

——《维纳斯与阿多尼斯》

---

**欧报春** 报春花科中的主要植物，与黄花九轮草和牛唇报春同科。这种植物有漂亮的黄色花朵（几乎总是被形容为极淡的黄色），在早春时节盛放于河岸和草地，因此可以象征某类事物中最早出现或是最好的那一个（比如最早开放的花、最早结出的果）。"Following the primrose path"（走上报春花之路）的意思是不假思索、不经考虑地采取行动。

❖ **西梅干** 见"欧洲李 / 西梅"。

❖ **笋瓜** 见"葫芦、笋瓜、节瓜、印度南瓜"。

# 榅桲（Quince）

———✦———

### 奶妈

点心房里在喊着要枣子和**榅桲**呢。

——《罗密欧与朱丽叶》第四幕，第四场

# 红萝卜（Radish）

———✦———

### 福斯塔夫

我记得他在克里门学院的时候，

样子活像一个用晚餐剩下的干酪削成的小人。

要是脱光了衣服，

他简直是一根生杈的**红萝卜**，

上面安着一颗用刀子刻的稀奇古怪的头颅。

——《亨利四世》下篇，第三幕，第二场

### 福斯塔夫

我要是没一人打五十个人，

我就是一捆**红萝卜**。

——《亨利四世》上篇，第二幕，第四场

---

**144**

**榅桲** 梨的近亲，但是太硬太酸所以无法生吃。榅桲常被用来制作馅饼（这种馅饼常被献给伊丽莎白一世）、果冻和果酱。据说食用榅桲有助于生养，生出的孩子也会更聪明，所以它是怀孕女性以及新婚女性必须要吃的食物，被列入了朱丽叶婚宴的食材中。至于彼得·昆斯，《仲夏夜之梦》里的那个木匠，他以榅桲为姓或许是因为性格比较尖酸吧。

**红萝卜** "Radish"意为萝卜，在莎剧中特指红萝卜。红萝卜是一种食材，也是福斯塔夫的幻想对象，可以生吃或者煮熟，抑或像伊摩琴那样在上面雕刻（见"芜菁/大头菜"）。红萝卜的药用价值据说体现在减肥以及治疗秃顶上。

❖ **葡萄干** 见"葡萄"。

# 芦苇 (Reed)

### 仆乙

我宁可举着一根没有用的**芦苇**……

——《安东尼与克莉奥佩特拉》第二幕，第七场

### 爱丽儿

他的眼泪沿着他的胡须流下来，

就像冬天**芦苇**屋檐上的冰滴。

——《暴风雨》第五幕，第一场

### 爱丽儿

头发都立着，

像**芦苇**，不像头发。

——《暴风雨》第一幕，第二场

### 霍兹波

那河水因为看见他们血污的容颜，

惊惶万分，吓得急忙在战栗的**芦苇**之中逃窜。

——《亨利四世》上篇，第一幕，第三场

### 求婚者

从对面**芦苇**丛生、茅草茂密的堤岸，

传来一个声音……循声走去，

却不见歌唱的人，密密的**芦苇**把周围严严遮挡。

——《两贵亲》第四幕，第一场

### 鲍西娅

我会沙着喉咙讲话，

就像一个正在变声的男孩子一样。

——《威尼斯商人》第三幕，第四场

### 阿维拉古斯

不用再怕贵人嗔怒，

你已超脱暴君威力；

无须再为衣食忧虑，

对你来说，**芦苇**和橡树没什么区别。

——《辛白林》第四幕，第二场

鲜血流淌到西莫伊斯满是**芦苇**的河岸。

——《鲁克丽丝》

---

**芦苇** 这是一种遍布于水边或者沼泽地里的植物。莎士比亚更常使用"芦苇"一词去形容其他事物，如浓密的头发、沙哑的声音、恐惧或者虚弱。芦苇无处不在，非常实用，根据《伊索寓言》中的故事《橡树和芦苇》，这种植物非常谦逊。参见"灯芯草"和"牧草"。

# 大黄 (Rhubarb)

———◆▶◆◀◆———

### 麦克白

要用什么样的**大黄**或者番泻叶，

或者什么别的泻药，

才能把这些英格兰的毒素都排掉？

——《麦克白》第五幕，第三场

# 稻谷 / 大米 (Rice)

———◆▶◆◀◆———

### 牧羊人之子（小丑）

让我看，

我要给咱们剪羊毛庆典的宴会买些什么东西呢？

三磅糖、五磅小葡萄干、

**米**——我这位妹子要**米**做什么呢？

——《冬天的故事》第四幕，第三场

**大黄**　莎士比亚唯一一次提及大黄是在《麦克白》中，证明大黄在当时主要被当作药物而非食物。杰拉德在著作中绘制的是土耳其大黄，本页插图展现的也是这一种大黄。

**稻谷 / 大米**　这种外来谷物在莎剧中唯一一次被提及，是在《冬天的故事》中牧羊人之子的这份采购清单上。艾拉柯恩比教士的猜测是，莎士比亚或许在杰拉德位于伦敦的园地里看到过这种作物。

# 玫瑰 (Rose)<sup>27</sup>

### 狄安娜

可是一等到你们把我们枝上的**玫瑰**采去，

你们就把棘刺留着刺痛我们，反倒来嘲笑我们的枝残叶老。

——《终成眷属》第四幕，第二场

### 霍兹波

把理查这朵芬芳可爱的**玫瑰**拔了下来，

却扶植起波林勃洛克这一棵刺人的荆棘？

——《亨利四世》上篇，第一幕，第三场

**玫瑰花**有刺，银色的泉有烂泥，

乌云和蚀把太阳与月亮玷污，

可恶的毛虫把嫩蕊盘踞。

——《十四行诗》第三十五首

**玫瑰**很美，但我们觉得它更美，

是因为它能吐出甜蜜的芳香。

单看姿色，野蔷薇与芳馥四溢的**玫瑰**完全是一类：

同挂在树上，同样会搔首弄姿，

当夏天的呼吸使它嫩蕊轻展。

但它唯一的美德只在色相，

开时无人眷恋，萎谢也无人理，

寂寞地死去。香甜的**玫瑰**却两样，

它那温馨的死可以酿成香液。

——《十四行诗》第五十四首

### 埃文斯师傅（唱）

我们在那里铺上**玫瑰**

与一千束芬芳的花。

——《温莎的风流娘儿们》第三幕，第一场

### 奥莉薇娅

西萨里奥，凭着春日**玫瑰**、

贞操、忠信与一切，我爱你。

——《第十二夜》第三幕，第一场

---

**玫瑰** 给玫瑰下定义？可能吗？或许我们可以听听下面这两位格特鲁德的说法：格特鲁德·斯泰因说"玫瑰就是玫瑰就是玫瑰"，而身为庭园艺术家的格特鲁德·杰基尔睿智地认为，园丁"需要知道自己该做什么，但同时也要有点儿智慧，知道什么不该去碰"，这是对斯泰因那句诗更为有效的解释。既然在莎士比亚的剧作与诗歌中，玫瑰的出场远远多于其他花卉，他自然也了解蔷薇属的物种和品种众多。在他提到玫瑰的诸多台词中，出现了几个特定的物种，值得我们在此略做说明：

### 提泰妮娅

季候也反了常，

白头的寒霜倾倒在深红**玫瑰**的怀中。

——《仲夏夜之梦》第二幕，第一场

### 弗鲁特

脸孔红如茂密野茨丛中的**红玫瑰**。

——《仲夏夜之梦》第三幕，第一场

### 老板娘（快嘴桂嫂）

你的脸色红得像**玫瑰**。

——《亨利四世》下篇，第二幕，第四场

### 提瑞尔

那嘴唇就像枝头的四瓣**红玫瑰**，

娇滴滴地在夏季的馥郁中亲吻。

——《理查三世》第四幕，第三场

比白鸽更洁白，比**玫瑰**更红润。

——《维纳斯与阿多尼斯》

我也不羡慕那百合花的洁白，

也不赞美**玫瑰**花的一片红晕。

——《十四行诗》第九十八首

啊！一抹红晕在她惊慌的脸上泛起，

先是红得像我们放在素纱上的**玫瑰**，

后来像是取掉**玫瑰**后的纱那般洁白。

——《鲁克丽丝》

为什么，既然他是**玫瑰**花的真身，

可怜的美还要找**玫瑰**的影子？

——《十四行诗》第六十七首

### 勃鲁托斯

平常戴面罩的贵妇们，

现在也露出她们仔细装扮过的、

宛如红白两色**玫瑰**争奇斗艳的脸庞，

任由太阳的热吻来调戏。

——《科里奥兰纳斯》第二幕，第一场

**玫瑰**之美永远不枯死。

——《十四行诗》第一首

* 法国蔷薇（Red Rose）又译红玫瑰，拉丁文名"Rosa gallica"，呈深红、朱红色。
* 大马士革蔷薇（Damask Rose）又称大马士革玫瑰、突厥蔷薇，拉丁文名"Rosa damascena"，源自大马士革。它的香气衍生出俗语"像大马士革玫瑰一样甜蜜"。它经常被用来形容相貌。杰拉德说它"呈淡红色，芳香更为怡人，也可作为烹饪肉食的辅料或药用"。
* 白蔷薇（White Rose）又译白玫瑰，拉丁文名"Rosa alba"。关于它，尚未有令人满意的植物学定义。赖斯·德布雷在她迷人的著作《神奇的花环》中称"它背后的历史纠缠不清，谜底或许永远无法揭开"。
* 百叶蔷薇（Provincial / Provencal Rose）又名"Rosa centifolia"，源自法国普罗旺斯地区。哈姆雷特提及它的时候，是想表达挑衅、俗艳、做作之意。杰拉德称之为荷兰大玫瑰，又名包心玫瑰。

## 奥托里古斯

一双手套像**大马士革玫瑰**般芳香。

——《冬天的故事》第四幕，第三场

## 求婚者

我会带来一群姑娘，

一百个像我一样爱他的黑眼睛的姑娘，

她们的头上都戴着黄水仙的花环，

樱桃般的小口、锦缎般柔滑的**绯色**脸颊。

——《两贵亲》第四幕，第一场

## 鲍益

像芬芳的**玫瑰**一般在夏日的熏风里开放吧。

## 公主

怎么开放？怎么开放？说得明白一些。

## 鲍益

美貌的姑娘们蒙着脸罩，

是一朵朵含苞待放的**玫瑰**；

卸下脸罩，露出她们娇媚的红颜，

就像云中出现的天使，或是盈盈展瓣的鲜花。

——《爱的徒劳》第五幕，第二场

## 菲比

比他白皙的脸上透出的红色

更饱满更诱人，

就像是**红玫瑰**与**大马士革玫瑰**的区别。

——《皆大欢喜》第三幕，第五场

我见过**大马士革玫瑰**，

红色或者白色的，

但她的脸颊赛不过这种**玫瑰**。

——《十四行诗》第一百三十首

这无垠的宇宙对我都是虚幻，

你才是，我的**玫瑰**、我的全部财产。

——《十四行诗》第一百零九首

他生前，他的气息和美颜，

给**玫瑰**以光彩，给紫罗兰以香气。

——《维纳斯与阿多尼斯》

## 高沃

她绣的**玫瑰**与实物犹如姐妹。

——《泰尔亲王佩里克利斯》第五幕，合唱

---

* **法国野蔷薇（Muck-rose）** 拉丁文名"Rosa arvensis"，也称蔓生蔷薇，其独特的香气比美丽的外形更受人喜爱。
* **五月蔷薇（Rose of May）** 拉丁文名"Rosa majalis"，杰拉德称之为肉桂玫瑰、卡内尔玫瑰。
* **蔷薇（Rose）** 特指犬蔷薇，拉丁文名"Rosa canina"，一种野生的藤本蔷薇，更古老的俗称包括"桂味蔷薇"和"女巫蔷薇"等。参见"荆棘"。
* **刺蔷薇（Briar Rose）** 又称密刺蔷薇。参见"野茨"、"香叶蔷薇"以及"荆棘"中玫瑰的部分。

### 约克

那时节，我就要高举乳白色的**玫瑰**。

让它甜美的香气弥漫四周。

——《亨利六世》中篇，第一幕，第一场

### 贵族

一个仆人捧着银盆，

里面盛着浸满花瓣的**玫瑰水**。

——《驯悍记》序幕，第一场

### 奥菲利娅

他是国人所期待的对象、**玫瑰**般的天之骄子。

——《哈姆雷特》第三幕，第一场

### 罗密欧

几段包扎的麻绳，还有几块陈年的

**玫瑰花糕**，作为聊胜于无的点缀。

——《罗密欧与朱丽叶》第五幕，第一场

**玫瑰**有刺又如何？

依然会被人摘去。

——《维纳斯与阿多尼斯》

### 王后

可是且慢，瞧——不，还是转过脸去，

不要瞧我那美丽的**玫瑰**萎谢吧。

——《理查二世》第五幕，第一场

### 彼特鲁乔

我就说她看上去像浴着朝露的**玫瑰**一样清丽。

——《驯悍记》第二幕，第一场

### 朱丽叶

姓名本来是没有意义的。

我们叫作**玫瑰**的这一种花，

要是换了个名字，

它的香味还是同样芬芳。

——《罗密欧与朱丽叶》第二幕，第二场

### 劳伦斯

你的嘴唇和颊上的**玫红**都会变成灰白。

——《罗密欧与朱丽叶》第四幕，第一场

其他与玫瑰相关的名词：

- **玫瑰饼**（Cakes of Roses）、**玫瑰水**（Cakes of Roses, Rose Water） 由于玫瑰被认为是美丽的象征，一如今天，它们在当时被用于美容。依照"以形补形"的说法，使用玫瑰就可以成为玫瑰。
- **玫瑰战争** 红玫瑰（法国蔷薇）与白玫瑰（白蔷薇）分别是兰开斯特家族和约克家族的象征。在《亨利六世》上篇第二幕一段较长的场景中，莎士比亚仅凭提到玫瑰，就勾勒出了这场战争的起因。在第四幕和剧作下篇中他再次提起这场战争，而在《理查三世》的最后一幕中，里士满宣布自己作为英国未来的君主，将统一金雀花王朝的各派纷争，将红白玫瑰融合为"都铎玫瑰"，即建立都铎王朝。这段台词的特别之处在于，莎士比亚从头到尾都只提到了玫瑰花，就成功营造出了战争的张力，表现双方在用花卉作战。

站在枝头尖刺上的**玫瑰花**吓得直抖，

一朵偷你的羞红，一朵偷你绝望的惨白，

另一朵，不红不白，就把这两样都偷，

还在赃物中添上你呼吸的芳香。

——《十四行诗》第九十九首


突然一阵苍白袭上她的面颊，

像罩上**红玫瑰**的一层素纱。

——《维纳斯与阿多尼斯》

### 奥赛罗

你**玫**唇韶颜的天婴啊。

——《奥赛罗》第四幕，第二场

### 泰门

**玫**红脸颊的少年。

——《雅典的泰门》第四幕，第三场

### 奥赛罗

我摘下了**玫瑰**，

就不能再给它已失的生机，

只好让它枯萎凋谢。

趁它还在枝头的时候，我要嗅一嗅它的芳香。

——《奥赛罗》第五幕，第二场

### 哈姆雷特

在我开缝的鞋上绑两朵**百叶蔷薇**。

——《哈姆雷特》第三幕，第二场

### 克莉奥佩特拉

人家只会向一朵含苞未放的**玫瑰**屈膝，

等到花残香消，他们就要掩鼻而过之了。

——《安东尼与克莉奥佩特拉》第三幕，第十三场

### 哈姆雷特

这么做，把廉耻的羞晕弄得暧昧，

把美德变成虚伪，

像是取下了额头上一朵纯洁的**玫瑰**，

而打上了一个脓包。

——《哈姆雷特》第三幕，第四场

### 龟奴

要论她的皮肉，老爷，真称得起红是红、白是白，

像一朵**玫瑰花儿**似的。她的确是一朵**玫瑰花**。

——《泰尔亲王佩里克利斯》第四幕，第六场

### 公爵

女人正像是娇艳的**玫瑰**，

花开才不久便转眼枯萎。

——《第十二夜》第二幕，第四场

### 约翰

我宁愿做一朵篱下的野花，

不愿做一朵受他恩惠的**玫瑰**。

——《无事生非》第一幕，第三场

### 瑟修斯

但是结婚的女子犹如被采下炼制过的**玫瑰**，

香气留存不散，比起孤独地自开自谢、

奄然朽腐的花儿，在尘俗的眼光看来，总是要幸福得多了。

——《仲夏夜之梦》第一幕，第一场

百合与**玫瑰**的兵丁以她的秀颊为战场，

进行着无声的战争。

——《鲁克丽丝》

### 提泰妮娅

有的去杀死**蔓生蔷薇**嫩苞中的蛀虫。

——《仲夏夜之梦》第二幕，第三场

### 奥布朗

还有馥郁的金银花、

甜美的**蔓生蔷薇**和香叶蔷薇，

漫天张起了一幅芬芳的锦帷。

——《仲夏夜之梦》第二幕，第一场

### 提泰妮娅

我要把**法国野蔷薇**插在你柔软光滑的头颅上。

——《仲夏夜之梦》第四幕，第一场

### 茱莉亚

风吹日晒让她腮上的**玫**红消退。

——《维罗纳二绅士》第四幕，第四场

### 康斯坦丝

盛放的百合和半开的**玫瑰**

是造化给你的礼物。

——《约翰王》第三幕，第一场

耻辱，就像芳香**玫瑰**花心的蛀虫，

它把你含苞欲放的美名污败！

——《十四行诗》第九十五首

### 俾隆

我不愿冰雪遮掩了五月的花天锦地，

也不希望**玫瑰花**在圣诞节含娇弄媚。

万物都各自有其生长的季节。

——《爱的徒劳》第一幕，第一场

### 私生子

我的脸太瘦了，

所以我都不敢在耳边插一朵**玫瑰**。

——《约翰王》第一幕，第一场

### 试金石

谁想找到**玫瑰**花开香喷喷，

就会找到爱的棘刺和罗瑟琳。

——《皆大欢喜》第三幕，第二场

### 拉山德

怎么啦，我的爱人！为什么你的脸颊这样惨白？

你脸上的**玫瑰**红怎么会凋谢得这样快？

——《仲夏夜之梦》第一幕，第一场

### 费迪南德国王

旭日不曾以如此温馨蜜吻

给予**玫瑰**晶莹的黎明清露。

——《爱的徒劳》第四幕，第三场

### 安东尼

告诉他，他现在还在青春如**玫瑰**绽放的年龄。

——《安东尼与克莉奥佩特拉》第三幕，第十三场

### 雷欧提斯

五月的**玫瑰**，亲爱的少女，

善良的妹妹，甜蜜的奥菲莉亚呀！

——《哈姆雷特》第四幕，第五场

### 男孩（唱）

**玫瑰花**褪去了荆刺，

散发出芬芳的气息，

更有色泽高贵堂皇。

——《两贵亲》第一幕，第一场

即使**玫瑰花**上缀满水晶，

水中的辉煌使**玫瑰**永不衰败。

——《情女怨》

一

153

### 亨利六世

让我把这场无谓的纠纷，替你们秉公处理。

比如我戴上这一朵**玫瑰**。

（戴上一朵**红玫瑰**）

我看任何人也没有理由因此揣测……

——《亨利六世》上篇，第四幕，第一场

### 理查·普兰塔琪纳特

我一天不用亨利心头半冷不热的血

来染红我佩在身上的**白玫瑰**，

我就一天不得安宁。

——《亨利六世》下篇，第一幕，第五场

我知道**玫瑰**生长出尖刺是为了抵御什么。

——《鲁克丽丝》

### 亨利六世

这人的脸上有两朵**玫瑰花**，

一红一白，

这正是我们两个争吵的家族引起许多灾祸的标记。

**红玫瑰**好比是他流出的紫血，

**白玫瑰**好比他苍白的腮帮。

叫一朵**玫瑰**枯萎，让另一朵旺盛吧。

倘若你们再斗争下去，千千万万的人都活不成了。

——《亨利六世》下篇，第二幕，第五场

### 克莱伦斯

华列克老头儿，你懂得这是什么意思吗？

（从帽上摘下**红玫瑰**）

瞧着，我把这肮脏东西抛还给你。

——《亨利六世》下篇，第五幕，第一场

### 艾米丽娅

在所有的花中，我觉得**玫瑰**最好。

### 侍女

为什么呢，温柔的小姐？

### 艾米丽娅

因为它最符合少女的形象。

——《两贵亲》第二幕，第二场

你那容颜

使百合感到恼怒而变得苍白，

使**玫瑰**自觉羞惭而红着脸。

——《鲁克丽丝》

### 理查·普兰塔琪纳特

请从这簇荆棘中帮我摘下一朵**白玫瑰**。

### 萨穆塞特

请从这片荆刺中帮我摘下一朵**红玫瑰**。

### 华列克

我替普兰塔琪纳特摘下这朵**白玫瑰**。

### 萨福克

我替年轻的萨穆塞特摘下这朵**红玫瑰**。

### 凡农

得到较少**玫瑰**的一方应该向另一方服输。

......

### 凡农

我摘下这朵纯洁的白花,

表明我是站在**白玫瑰**这边的。

### 萨穆塞特

你采花的时候要当心,不要让花刺破了你的手,

否则你的血就把**白玫瑰**染红了。

### 律师

为了表示我的意图,

我也摘下一朵**白玫瑰**。

### 萨穆塞特

我的论点藏在我的刀鞘里,

它打算把你的**白玫瑰**染成血一般的红。

### 理查·普兰塔琪纳特

可是你的腮帮子也比得上我们的**白玫瑰**了,

大概是看到真理属于我这一边,吓得发白了吧。

### 萨穆塞特

不对,普兰塔琪纳特,不是吓得发白,是怒得发白。

你的腮帮子羞得发红,也比得上我们的**玫瑰**。

### 理查·普兰塔琪纳特

萨穆塞特,你的**玫瑰**上不是生着蛀虫吗?

### 萨穆塞特

普兰塔琪纳特,你的**玫瑰**上不是长着刺吗?

......

### 萨穆塞特

哼,我总有朋友替我佩戴这血红的**玫瑰**。

### 理查·普兰塔琪纳特

我凭我的灵魂起誓,

我要和我的同道们永远佩戴

这苍白含怒的**玫瑰**,

作为我的血海深仇的标记。

### 温彻斯特

我要佩戴你们一党的**白玫瑰**。

我说一句预言在这里:今天在这议会花园里

由争论而分裂成为**红白玫瑰**的两派,

不久将会使成千的人丢掉性命。

——《亨利六世》上篇,第二幕,第四场

### 里士满

我们既已向神明发过誓愿,

从此**红白玫瑰**要合为一家。

两王室久结冤仇,有忤神意,

愿天公今日转怒为喜,嘉许良盟!

我这句话,纵有叛徒听见,谁能不说声"阿门"?

——《理查三世》第五幕,第五场

155

# 迷迭香（Rosemary）

又译作"罗丝玛丽花"

### 奥菲利娅

这是**迷迭香**，它代表了记忆。

爱人，请你记住……

——《哈姆雷特》第四幕，第五场

### 潘狄塔

这两束**迷迭香**和芸香是给你们的，

它们的颜色和香气在冬天不会消散。

愿上天赐福给你们两位，愿你们永不会被人忘记！

——《冬天的故事》第四幕，第四场

### 老鸨

哼，过来，你这一盘子又是

**迷迭香**又是月桂的贞洁菜！

——《泰尔亲王佩里克利斯》第四幕，第六场

### 爱德加

这地方本来有许多疯丐，

他们高声叫喊，用针啊、木锥啊、

钉子啊、**迷迭香**的树枝啊，

刺在他们麻木而僵硬的手臂上。

——《李尔王》第二幕，第三场

### 奶妈

**请问罗丝玛丽花**

和罗密欧是不是同样一个字开头呀？

### 罗密欧

是呀，奶妈。怎么样？都是"罗"字起头的哪。

### 奶妈

啊，你开玩笑哩！那是狗的名字啊。

阿罗就是那个——不对，

我知道一定是另一个字开头的——

她还把你同**罗丝玛丽花**连在一起，

我也不懂，反正你听了一定喜欢的。

——《罗密欧与朱丽叶》第二幕，第四场

### 劳伦斯

揩干你们的眼泪，

把你们的**迷迭香**

放在这美丽的尸体上。

——《罗密欧与朱丽叶》第四幕，第五场

---

**迷迭香** 拉丁文名"Rosmarinus"，意思是大海的露珠，因为这种用途广泛的药草拥有迷人的香气，可以食用、药用或用来化妆。莎士比亚提到它时，多半是将它当作一种与记忆有关的药草。它的香气有助于能量恢复，可以增强记忆。和花苞或花朵呈纽扣状的植物类似，将迷迭香插在扣眼或口袋中，可以让情侣的约会更加难忘。它也象征着对已逝亲友的记忆，有人甚至将它涂擦在头顶，提醒头发生长出来。

# 芸香（Rue）

恩典草（Herb of Grace）

———◆———

### 奥菲利娅

这些**芸香**给您，也留一些给我，

我们可称它为"主日的**恩典草**"。

啊，您可以把您的**芸香**插得别致一些。

——《哈姆雷特》第四幕，第五场

### 潘狄塔

这两束迷迭香和**芸香**是给你们的，

它们的颜色和香气在冬天不会消散。

愿上天赐福给你们两位，愿你们永不会被人忘记！

——《冬天的故事》第四幕，第四场

### 小丑

的确是的，先生，她是生菜中的墨角兰，

或者应该说是**恩典草**。

### 拉佛

那不是人吃的菜，你这笨奴才，那是闻香的花。

——《终成眷属》第四幕，第五场

### 园丁

这儿她落下过一滴眼泪，

就在这地方，我要种下一列**芸香**，

苦味的**恩典草**。

这象征着忧愁的**芸香**，

不久将要发芽长叶，

纪念一位哭泣的王后。

——《理查二世》第三幕，第四场

### 安东尼

但愿眼泪掉下来，天神的**恩典**。

——《安东尼与克莉奥佩特拉》第四幕，第二场

---

**芸香**　"Rue"一词有悔过的意思，悔过之后必将有恩典降临，所以这种庭园植物又被称为"恩典草"。它是为了药用而栽培的，黄色的花朵和偏蓝的绿色叶子会散发出一种强烈的辛辣气味，被莎士比亚形容为"酸"或者"甜"。杰拉德说它可以解除乌头属植物和毒蘑菇的毒。

# 灯芯草 (Rush)

菖蒲 (Bulrush)

### 菲比

哪怕握着一根**灯芯草**，

你的手掌上也会留下一阵子痕迹。

——《皆大欢喜》第三幕，第十五场

### 提泰妮娅

自从仲夏之初，我们每次都在山上、谷中、树林里、

**草**场上、细石铺底的泉旁或是海滨的沙滩上聚集。

——《仲夏夜之梦》第二幕，第一场

### 小丑

正像是姑娘手上的**草**戒指，小伙子也可以戴上。

——《终成眷属》第二幕，第二场

### 罗密欧

让那些无忧无虑的公子哥儿

在**灯芯草**席子上卖弄舞步吧。

——《罗密欧与朱丽叶》第一幕，第四场

### 罗瑟琳

他告诉了我如何判断一个人是否在恋爱，

我断定你一定不是那**灯芯草**笼中的囚徒。

——《皆大欢喜》第三幕，第二场

### 大德洛米奥

有的魔鬼只向人要一些指甲头发，

或者一根**蒲草**、一滴血、一枚针、

一颗榛果、一粒樱桃核。

——《错误的喜剧》第四幕，第三场

### 私生子

一根**灯芯草**可以作为吊死你的绞刑架梁木。

——《约翰王》第四幕，第三场

---

**158**

**灯芯草**　成片生长的湿地植物，茎秆坚硬，多半中空，注入动物脂肪之后，可作为穷人家的蜡烛使用。灯芯草的家居实用性主要体现在，它可以供富人家铺在地板上吸收异味与灰尘。用灯芯草秆编成的草戒指，是平民百姓结婚用的信物（他们通常不会举行婚礼），《终成眷属》中的小丑拉瓦奇就用编织草戒指的风俗说了个荤笑话。《两贵亲》中提到的菖蒲，也叫作"Sweet Sedge"（见本页插图），应该是用来形容长发绺的。参见"芦苇"、"莎草"和"牧草"。

### 内侍甲

再拿些**灯芯草**来，

再拿些**灯芯草**来。

——《亨利四世》下篇，第五幕，第五场

### 爱洛斯

他正在园里散步，一面走，

一面恨恨地踢着脚下的**草**。

——《安东尼与克莉奥佩特拉》第三幕，第五场

### 奥赛罗

谁拿一根**灯草**向奥赛罗的胸前刺去，

他也会向后退缩的。

——《奥赛罗》第五幕，第二场

### 葛罗米奥

晚饭烧好了没有？屋子收拾了没有？

**灯草**铺上了没有？蛛网扫净了没有？

——《驯悍记》第四幕，第一场

### 凯瑟丽娜

管它是月亮还是太阳，还是您想让它是什么，

如果您想管它叫**灯草**蜡烛，

那我发誓我也一定照着您说的叫。

——《驯悍记》第四幕，第五场

### 葛兰道厄

她叫你躺在软绵绵的**草垫**上，

把你温柔的头靠着她的膝。

——《亨利四世》上篇，第三幕，第一场

### 马歇斯

谁要是信赖着你们的欢心，

就等于用铅造的鳍游泳，

用**灯芯草**去砍伐橡树。

——《科里奥兰纳斯》第一幕，第一场

### 阿埃基摩

我们的塔昆正是像这样轻轻踏上了**草**席。

——《辛白林》第二幕，第二场

### 元老甲

我们的城门瞧上去虽然还是关得紧紧的，

可是它们不过是用**灯芯草**拴住的，

等会儿就会自己打开。

——《科里奥兰纳斯》第一幕，第四场

点燃之后，他就发现，

鲁克丽丝的手套上插着绣针几支，

他从**灯芯草**上把它们捡起来。

——《鲁克丽丝》

### 求婚者

她用**菖蒲**编成戒指，

对这戒指说出甜言蜜语。

——《两贵亲》第四幕，第一场

### 求婚者

她发辫散乱，头戴**菖蒲**花环。

——《两贵亲》第四幕，第一场

一

# 黑麦（Rye）

### 埃瑞斯

刻瑞斯，最富饶的女神，你肥沃的田地生长着

小麦、**黑麦**、大麦、野豌豆、燕麦和豌豆。

——《暴风雨》第四幕，第一场

### 埃瑞斯

你们在八月的日光下蒸晒着的辛苦的刈禾人，

离开你们的田亩，到这里来欢乐一番，

戴上你们**黑麦**秆的帽子。

——《暴风雨》第四幕，第一场

### 歌（童甲 / 童乙）

在蔓延的**黑麦**田里，

农村的小伙儿姑娘躺下身来。

——《皆大欢喜》第五幕，第三场

**黑麦**　一种跟小麦相似的谷物，但被认为比小麦次一等——尽管黑麦比小麦更强壮，也更适应不那么理想的生存环境。

# 番红花 / 藏红花 (Saffron)

### 刻瑞斯

你用你**番红花**色的翅膀，

把甘霖洒在我的花朵上。

——《暴风雨》第四幕，第一场

### 小安提福勒斯

是不是这个脸黄得像**番红花**的家伙

今天在我家里饮酒作乐？

——《错误的喜剧》第四幕，第四场

### 牧羊人之子（小丑）

我要买些**番红花**粉来把梨饼着上颜色。

——《冬天的故事》第四幕，第三场

### 拉佛

不，不，不，令郎都是因为受了那个无赖的引诱，

才会这样胡作非为。那家伙像**番红花**一样，

一日不除，全国洁白如纸的青年都要被他染上颜色。

——《终成眷属》第四幕，第五场

**番红花 / 藏红花**　需要使用九朵番红花橙红色或朱红色的柱头，才能研得一格令（0.0 648 克）优质的干燥番红花，也就是说，四千朵番红花才能做出一盎司的干燥番红花。这就是番红花价格居高不下的原因，但是相比金叶子，它仍然是为手抄本描金装饰的实惠之选。而万寿菊则是更加便宜的替代品，用来给食物着色。埃塞克斯地区的萨福隆沃尔登（Saffron Walden）就是因为盛产番红花而得名，伦敦卡姆登地区的萨福隆山（Saffron Hill）也是如此。

# 海茴香 / 海崖芹〔Samphire〕

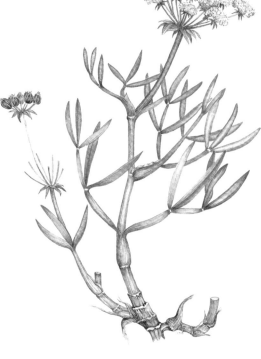

### 爱德加

山腰中间悬着一个采**海茴香**的人，

可怕的工作！

我看他的全身简直抵不上一个人头的大小。

——《李尔王》第四幕，第六场

# 香薄荷〔Savory〕

### 潘狄塔

这是给你们的花儿，

热烈的薰衣草、薄荷、**香薄荷**、墨角兰。

——《冬天的故事》第四幕，第四场

**海茴香 / 海崖芹** 生长于悬崖边。一般认为它的名字来自法语 "Herbe St. Pierre"（圣皮埃尔药草）。圣皮埃尔（圣彼得）的象征就是一块从海面上突起的岩石。在《李尔王》中，爱德加假装看到了一位正在采收这种肥美植物的人，说这是一种可怕的工作。杰拉德很喜欢这种植物："叶子腌渍后，加入橄榄油和醋，制成沙拉……对于肝脏、脾脏和肾脏都很有益处。这是最令人愉悦的酱汁……最适合人的身体。"

**香薄荷** 这是一种适应性很强的地中海药草，气味非常芳香，被潘狄塔列在"仲夏时节赠送给中年男人"的花朵清单上，或许部分原因是根据植物学家尼古拉斯·考培佩尔的说法，它的汁液被认为能够治疗"老眼昏花"。"这种药草由神话中的墨丘利掌管。"他记录道，并且认为夏香薄荷比冬香薄荷更好。

# 莎草 (Sedge)

### 仆乙

爱神维纳斯整个隐身在**莎草**里，

那莎草似乎在随着她的气息摇曳生姿。

——《驯悍记》序幕，第二场

### 埃瑞斯

你们这些水妖，

应该叫作蜿蜒溪流中的仙女，

戴着**莎草**之冠，

眼光永远是那么柔和。

——《暴风雨》第四幕，第一场

### 茱莉亚

它就会在光润的石子上弹奏柔和的音乐，

轻轻地吻着每一根在它巡礼途中的**莎草**。

——《维罗纳二绅士》第二幕，第七场

### 培尼狄克

唉，像只可怜的受伤的鸟儿！

现在他要爬到**莎草**里去了。

——《无事生非》第二幕，第一场

### 霍兹波

温柔的塞文河

那**莎草**丛生的两岸。

——《亨利四世》上篇，第一幕，第三场

---

**莎草** 莎草科植物生长在岸边或者沼泽地带，但"Sedge"一词可以指莎草科植物，也可以泛指粗糙的牧草或灯芯草一类
的植物，莎士比亚应该是用这个词做泛指。

❖ **番泻叶** 见"聚伞花"。

# 扭黄茅 (Spear-grass)

### 巴道夫

是的，他又叫我们用**扭黄茅**

把我们的鼻子擦出血来，

涂在我们的衣服上，发誓说那是别人的血。

——《亨利四世》上篇，第二幕，第四场

　**扭黄茅** 《亨利四世》里，巴道夫提到的用来将鼻子擦出血的植物是什么，一直众说纷纭。本页插图绘制的是偃麦草（Croch-grass，在插图中与木贼缠在一起），有着很长很细的秆，上面生有粗硬的穗子。参见"牧草"。

❖ **嫩豌豆荚** 见"豌豆"。

# 草莓 (Strawberry)<sup>28</sup>

### 葛罗斯特

我的伊里大人，我上次在贺尔堡看见

您的花园里有很好的**草莓**，

我要求您叫人去摘一些来给我。

### 伊里

好的，我就去拿来，我的大人，我十分愿意效……

葛罗斯特公爵大人哪儿去了？

我已经叫人去把**草莓**拿来了。

——《理查三世》第三幕，第四场

### 伊阿古

您应该没看见过尊夫人的手里

有一方绣着**草莓**花样的手帕吧？

——《奥赛罗》第三幕，第三场

### 伊里

**草莓**在荨麻底下最容易成长，

名贵品种跟较差的果树为邻，就结下更多更甜的果实。

——《亨利五世》第一幕，第一场

**草莓** 一种英国原产、植株比较低矮的植物。林地草莓在野外和种植花园里都能找到，比如贺尔堡伊里主教的花园里，据说那里的草莓是全伦敦最好的。莎士比亚把这种当地流传的说法写进了《亨利五世》和《理查三世》中。草莓也是当时刺绣常用的图案，不过它的象征意义却是矛盾的：它既代表纯洁和天真，也代表性感与嫉妒——这些含义都出现在了苔丝狄蒙娜绣着草莓的手帕上，并引发了最终的悲剧。

❖ **麦茬** 见"小麦"。

# 糖 (Sugar)

## 亨利亲王

可是，亲爱的奈德——为了让你这名字听上去格外甜蜜，

我送给你这一块不值钱的**糖**，

那是一个酒保刚才塞在我手里的……

现在福斯塔夫还没有回来，为了消磨时间，

请你到隔壁房间里站一会儿，

我要问问我这个小酒保他送给我这块**糖**

是什么意思……

不，你听着，弗兰西斯。

你给我的那块**糖**，不是一便士买来的吗？

——《亨利四世》上篇，第二幕，第四场

## 俾隆

玉手纤纤的姑娘，让我跟你说一句甜甜的话儿。

## 公主

蜂蜜、牛乳、**蔗糖**，我已经说了三句了。

——《爱的徒劳》第五幕，第二场

## 快嘴桂嫂

顶好的酒、顶好的**糖**，

无论哪个女人都会给他们迷醉的。

——《温莎的风流娘儿们》第二幕，第二场

**糖** 将"糖"单列为一个词条很牵强，但它是从甘蔗中提取而成的，也的确是来自一种植物。杰拉德尝试种过甘蔗，而艾拉柯恩比教士相信莎士比亚或许曾亲眼见过。所以，此处收录的台词中，"Sugar"是指真正的糖，而非用作形容词（比如"蜜糖般"的言语，虽然界线有时候会比较模糊）。在"扁桃"条目中，我们提到过，伊丽莎白时期人们对糖极端热爱，导致他们做出了糖衣坚果、糖渍花、糖渍种子、糖浆、蜜饯（糖渍水果片）还有果冻。宴会上有用糖浆和蛋白做成的"糖果盘"，上面有花样繁多的个性装饰，有时候还会题上诗。伊丽莎白一世喜欢吃糖是众所周知的，所以16世纪60年代有人送给过她一座翻糖城堡、糖块（方便运输的圆锥体硬糖，食用时会被切削成块），还有一桶蜜饯。1598年，一个德国晋见者写道："她的牙都黑了，英国人比较容易有这个毛病，因为他们吃了太多糖。"

## 巴萨尼奥

她的微启的双唇，

是因为她嘴里吐出来的甜蜜如**糖**的气息而分开的，

唯有这样甘美的气息才能分开这样亲密的朋友。

——《威尼斯商人》第三幕，第二场

## 诺森波兰

幸亏一路上饱聆着您的清言妙语，

它犹如蜜**糖**，使我津津有味、乐而忘倦。

——《理查二世》第二幕，第三场

## 牧羊人之子（小丑）

让我看，

我要给咱们剪羊毛庆典的宴会买些什么东西呢?

三磅**糖**、五磅小葡萄干。

——《冬天的故事》第四幕，第三场

## 布拉班迪奥

这些格言，使人**甜**，或使人苦，

两面都有力，意义是不大清楚。

——《奥赛罗》第一幕，第三场

## 试金石

因为贞洁跟美貌碰在一起，

就像在**糖**里再加蜜。

——《皆大欢喜》第三幕，第二场

## 玛格丽特王后

可怜的画中王后，

你不过是我幸运墙上所加的浮雕!

毒蛛布网缚住你周身，

你又何必在它腹鼓上撒**糖**粉?

——《理查三世》第一幕，第三场

## 波洛涅斯

我们也经常犯此罪行，这种例子可多了：

利用神圣的姿态及虔诚的动作做**糖**衣，

来掩饰魔鬼般的内心。

——《哈姆雷特》第三幕，第一场

## 亨利五世

你的嘴唇上有魔力啊，凯蒂。

一接触到这蜜**糖**似的嘴唇，

只觉得法兰西枢密院里滔滔不绝的议论

都不能这样打动人的心。

——《亨利五世》第五幕，第二场

## 波因斯

**甜**酒约翰爵士怎么说?

——《亨利四世》上篇，第一幕，第二场

你蜜**糖**般的话将化作难尝的苦艾。

——《鲁克丽丝》

# 悬铃木叶槭 (Sycamore)

### 苔丝狄蒙娜

可怜的她坐在**悬铃木叶槭**下啜泣。

——《奥赛罗》第四幕，第三场

### 鲍益

在一株**悬铃木叶槭**的凉荫之下，

我正想睡它半点钟的时间。

——《爱的徒劳》第五幕，第二场

### 班伏里奥

我清早起来到郊外去散步，

在城西一片**悬铃木叶槭**的下面，

我看见了你的儿子。

——《罗密欧与朱丽叶》第一幕，第一场

**悬铃木叶槭**　学者们一直在争论莎士比亚这三段台词中提到的"Sycamore"到底是什么树。如果从发音的角度看，或许会有更多收获："Sycamore"的发音类似"sick of amore"（爱引发的疾病）。苔丝狄蒙娜吟唱的忧愁曲子显然表达了她对奥赛罗被嫉妒蒙蔽而感到的悲伤；《爱的徒劳》中那个冷漠、只爱自己的法国侍臣鲍益只会讲述别人的爱情纠葛；班伏里奥想要找到罗密欧，是为了开解他对罗瑟琳的单相思。有意思的是，班伏里奥说他看到罗密欧在"城西一片悬铃木叶槭的下面"，这片树林在维罗纳确实存在，有些树至今仍然伫立在西城墙的旁边。

# 蓟（Thistle）

## 勃艮第

遍地只有可恶的酸模、粗糙的**蓟**、
圆叶草和牛蒡的刺球。

——《亨利五世》第五幕，第二场

## 波顿

蛛网先生，好先生，把您的刀拿好，
替咱把那**蓟**草叶尖上红屁股的野蜂儿杀了。
然后，好先生，替咱把蜜囊儿拿来。

——《仲夏夜之梦》第四幕，第一场

---

**蓟** 一类入侵性的野草，长有尖刺，顶部呈球状，会吸引蜜蜂。翼蓟外形美观，因此成了苏格兰的国花。"Thistle"一词
也可以泛指各种带刺植物。在《亨利五世》中，蓟象征着无人照看的荒凉状态。驴子是唯一一种以蓟为食的动物，所以
《仲夏夜之梦》里，波顿的命令中暗藏着玩笑。参见"藏掖花"。

# 荆棘 (Thorns)

———◆◆◆———

## 爱丽儿

一簇簇长着尖齿的野茨，

咬人的荆豆和锐利的**荆棘**丛，

把他们可怜的胫骨刺穿。

——《暴风雨》第四幕，第一场

## 海丽娜

时间来到了夏天，

野茨的绿叶

遮掩了它周身的**尖刺**，

又美好又锋利。

——《终成眷属》第四幕，第四场

## 迫克

野茨和**荆棘**划破了他们的衣服。

——《仲夏夜之梦》第三幕，第二场

## 龟奴

长满**荆棘**的荒地。

——《泰尔亲王佩里克利斯》第四幕，第六场

## 亨利六世

众位贤卿，要把我们脚下的**荆棘**芟除，

是值得赞许的。

——《亨利六世》中篇，第三幕，第一场

## 月亮

总而言之，咱要告诉你们的是，

这灯笼便是月亮，

咱便是月亮里的仙人。

**这荆棘枝是咱的荆棘枝**，

这狗是咱的狗。

——《仲夏夜之梦》第五幕，第一场

## 杜曼

但是，哎呀，我已发誓说过，

永不把你从**荆棘**上攀折。

——《爱的徒劳》第四幕，第三场

## 卡莱尔主教

悲惨的事情还在后面，我们后世的子孙将会觉得

这一天对于他们就像**荆棘**一般刺人。

——《理查二世》第四幕，第一场

## 里昂提斯

让荨麻、**荆刺**和黄蜂之尾来捣乱我的睡眠。

——《冬天的故事》第一幕，第二场

## 葛罗斯特

而我——好比一个迷失在**荆棘**丛中的人，

一面披荆斩**棘**，

一面被**荆棘**刺伤；

一面寻找出路，一面又迷失路途。

——《亨利六世》下篇，第三幕，第二场

**荆棘** "Thorns" 指荆棘本身，也指其茎、叶、花冠上的尖刺。这些危险的荆棘藏身于树丛下、灌木中、森林深处，或者看似无害的花园中。作为一种隐喻，它也存在于王后格特鲁德心中。下页插图中的四种荆棘是黑莓的刺藤、水飞蓟、单柱山楂荆棘，还有密刺蔷薇。参见"欧石南"。

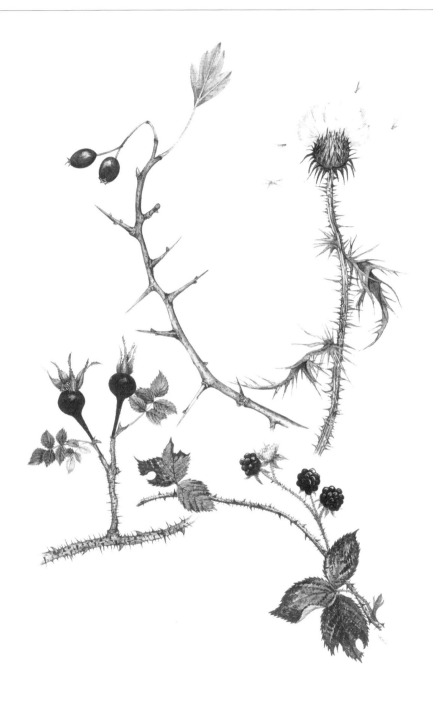

### 爱德华四世

将士们，挡在我们面前的是**荆棘**遍布的密林。

——《亨利六世》下篇，第五幕，第四场

### 爱德华四世

怎么，这样一根嫩**刺**也能戳人吗?

——《亨利六世》下篇，第五幕，第五场

### 罗密欧

爱不该是温柔的吗?

它是太粗暴、太专横、太野蛮了;

它像**荆棘**一样刺人。

——《罗密欧与朱丽叶》第一幕，第四场

### 彼得·昆斯

对了。否则就得叫一个人一手拿着**荆棘**枝，

一手举起灯笼，登场说他代表着月亮。

——《仲夏夜之梦》第三幕，第一场

### 彼得·昆斯

这个人提着灯笼、牵着犬、

拿着**荆棘**枝，代表着月亮。

——《仲夏夜之梦》第五幕，第一场

### 私生子

我简直惊呆了，

在这遍地**荆棘**的多难人世，

我已经迷失我的路途。

——《约翰王》第四幕，第三场

### 奥菲利娅

不过，我也希望你不要像某些教士，

指引我走上一条满是坎坷**荆棘**的天堂路。

——《哈姆雷特》第一幕，第三场

### 鬼魂

把她留给上天裁判，

让她受自己心中**荆棘**刺戳。

——《哈姆雷特》第一幕，第五场

### 弗罗利泽

可是，唉! 我们却立于**荆棘**之上!

——《冬天的故事》第四幕，第四场

### 伯爵夫人

这一枚**荆棘**，

正是青春的玫瑰上少不了的。

——《终成眷属》第一幕，第三场

### 狄安娜

你们就把**荆棘**留着刺痛我们，

反倒来嘲笑我们的枝残叶老。

——《终成眷属》第四幕，第二场

你以胸膛靠在**荆棘**之上，

提醒自己心中的创痛之深，

我模仿你……

——《鲁克丽丝》

# 百里香 (Thyme)<sup>29</sup>

### 奥布朗

我知道一处水岸，盛开着野生的**百里香**。

——《仲夏夜之梦》第二幕，第一场

### 伊阿古

我们插荨麻、种莴苣、

栽下神香草、拔起**百里香**。

——《奥赛罗》第一幕，第三场

### 男孩（唱）

更有色泽高贵堂皇。

石竹花儿花香淡淡，

无味雏菊花瓣清雅，

**百里香**花香送百里。

——《两贵亲》第一幕，第一场

# 芜菁 / 大头菜 (Turnip)

### 安·培琪

哎呀！我宁可被活埋在土里，

让你们用**大头菜**把我砸死。

——《温莎的风流娘儿们》第三幕，第四场

---

**百里香** 莎士比亚曾三次提到这种香草，正好对应了百里香的三个物种：奥布朗提到的是英国原产的多毛百里香，常见于沙质的石南荒原；伊阿古在那段关于健康与个人责任的冗长台词中提到的，是花园里培育的最初源自地中海的品种；《两贵亲》里男孩歌中的百里香也指时光本身（Thyme 和 time 谐音）。

❖ **毒菌** 见"蘑菇 / 毒菌"。

**芜菁 / 大头菜** 这种"野菜"在莎士比亚的剧作中出现过一次，这个场景通常会令观众捧腹：在《温莎的风流娘儿们》里，安·培琪说被蔬菜砸死也好过嫁给愚蠢的追求者。芜菁已经被栽种几个世纪了，大多是作为动物饲料，而人们更常吃它富含维生素的叶子。它的根常被雕刻成各种"人物"，就像《辛白林》里的伊摩琴所做的那样。

# 葡萄藤（Vine）

---

### 歌

来，巴克斯科，**葡萄**园的仙王，

你两眼红红，皮囊胖胖！

替我们浇尽满腹牢骚，

替我们满头挂上**葡萄**。

——《安东尼与克莉奥佩特拉》第二幕，第七场

### 泰门

吸干你的骨髓，让**葡萄藤**和耕地都干燥荒芜。

——《雅典的泰门》第四幕，第三场

### 勃艮第

她的**葡萄藤**，也没人照料，就这样死了。

我们所有这许多**葡萄**园、

休耕地、牧场、树篱，不再对人类有任何贡献，

全变成了荒草、苦艾的地盘。

——《亨利五世》第五幕，第二场

### 摩提默

我这软弱的两臂，好比是一条枯**藤**，

干枯的枝叶都已低垂到地上。

——《亨利六世》上篇，第二幕，第五场

### 克兰默

在她统治时期，

人人能在自己的**葡萄藤**架之下

平安地吃他自己种的粮食，

对着左邻右舍唱起和平欢乐之歌。

——《亨利八世》第五幕，第五场

### 克兰默

曾经为这位天之骄子服务过的

和平、丰足、仁爱、真理、威望，

也将为他的后嗣服务，

并依附在他身上，就像**藤**之附树。

——《亨利八世》第五幕，第五场

### 李尔

我的宝贝，虽然是最后的一个，

却并非最不在我的心头。

法兰西的**葡萄**和勃艮第的乳酪，

都在竞争你的青春之爱。

——《李尔王》第一幕，第一场

### 阿维拉古斯

让那如散发着臭气的接骨木的悲哀，

在你那繁盛的**藤蔓**之下

解开它枯萎的败根吧！

——《辛白林》第四幕，第二场

---

174

❖ **野豌豆（Vetches，参见"小麦"）** 野豌豆外形美丽，值得拥有自己的条目。不过它不光纤弱优美，也很实用。野豌豆可以让小麦田的土质变得更好。它是豆科植物，也可作为饲料，所以在《暴风雨》中，彩虹女神埃瑞斯（她自己的名字也是一类植物）！见"黄菖蒲"）祈求年轻爱侣拥有丰富的人生时，把野豌豆包含在了祝福词中的各种植物里。

**葡萄藤** 莎士比亚提到藤的时候，指的就是葡萄藤。它是丰收的象征（参见"葡萄"），而当阿德丽安娜说自己是葡萄藤，需要缠绕着丈夫这棵榆树时，葡萄藤则代表着软弱。葡萄藤和葡萄园（在此我们不再详述）也同时象征着财富和多产。

### 阿德里安娜

你是榆树，我的丈夫，我是**葡萄藤**，

我的柔弱依托于你的坚强，

让我能够借助你的力量而说话。

——《错误的喜剧》第二幕，第二场

### 里士满

这一只恶毒血腥、

横行霸道的野兽踏烂了你们丰收的农田和**葡萄**园。

——《理查三世》第五幕，第二场

### 刻瑞斯

**葡萄**成簇，摘果满筐。

——《暴风雨》第四幕，第一场

### 阿赛特

**葡萄藤**生长，我们却永远看不见。

——《两贵亲》第二幕，第二场

谁会为了一颗甜**葡萄**，毁掉整株**葡萄藤**？

——《鲁克丽丝》

# 堇菜 / 堇菜属植物 (Violet)[30]

又译作"紫罗兰"

───────◆───────

## 奥布朗

遍布着牛唇报春和盈盈的**紫罗兰**。

——《仲夏夜之梦》第二幕,第一场

## 萨尔斯伯里

把纯金镀上金箔,

替纯洁的百合花涂抹粉彩,

在**紫罗兰**的花瓣上浇洒人工的香水……

实在是多余而可笑的事。

——《约翰王》第四幕,第二场

## 王后

**紫罗兰**、黄花九轮草、报春花,

都给我拿到我的房间里去。

——《辛白林》第一幕,第五场

## 亨利五世

国王就跟我一样,也是一个人罢了。

一朵**紫罗兰**,他闻起来

跟我闻起来还不是一样。

——《亨利五世》第四幕,第一场

## 安吉鲁

过错在于我,像**紫罗兰**旁边的一块腐肉,

同在阳光中,却散发着臭气。

——《一报还一报》第二幕,第二场

## 雷欧提斯

那只是年轻人暂时的热度,

如一朵**紫罗兰**初开,

充满活力,但非永恒;甜蜜而不持久,

仅将空留一阵飘香,如此而已!

——《哈姆雷特》第一幕,第三场

## 奥菲利娅

我也应给您些**紫罗兰**,可是,

当我父亲死时,它们全都枯萎了。

——《哈姆雷特》第四幕,第五场

## 潘狄塔

比朱诺的眼睑或是西塞利娅的气息,

更为甜美的暗色**紫罗兰**。

——《冬天的故事》第四幕,第四场

───────────────────────────────

**堇菜 / 堇菜属植物**　香堇菜凭借清新的香气在莎翁剧作中出现了五次,然而这种细小精致、茎脉突出的野花同时也有着谦逊、温柔和忠诚的气质[由此可以看出《第十二夜》中薇奥拉(Viola)的性格特质,以及马伏里奥与此正相反的特质]。三色堇以及其他颜色相近的花有时都会被称为"Violet"。或许因为它总是垂着头,堇菜还被认为代表着美德,可以催眠以及缓解愤怒。它是可以食用的,叶子和花瓣经常作为沙拉的点缀,与洋葱菜肴搭配。

### 雷欧提斯

把她安置入土吧。

从她纯洁无瑕的肌肤里，

将冒出芬芳馥郁的**紫罗兰**。

——《哈姆雷特》第五幕，第一场

### 约克公爵夫人

欢迎，我的儿。

现在谁是装点那新春绿野的**紫罗兰**？

——《理查二世》第五幕，第二场

### 玛丽娜

黄的花、蓝的花、

紫色的**紫罗兰**、金色的万寿菊，

像是锦毯一般，

在夏日将尽时，铺在你的坟前。

——《泰尔亲王佩里克利斯》第四幕，第一场

我们身下的**紫罗兰**绝不会多嘴，

它们也不懂咱俩为何如此这般。

——《维纳斯与阿多尼斯》

他生前，他的气息和美颜，

给玫瑰以光彩，给**紫罗兰**以香气。

——《维纳斯与阿多尼斯》

### 培拉律斯

他们是像微风一般温柔，

在**紫罗兰**下轻轻拂过。

——《辛白林》第四幕，第二场

### 公爵

啊！它经过我的耳畔，

就像微风吹拂一丛**紫罗兰**。

——《第十二夜》第一幕，第一场

### 春之歌

杂色的雏菊，蓝色的**紫罗兰**。

——《爱的徒劳》第五幕，第二场

当我看见**紫罗兰**香消玉殒，

黝黑的卷发渐渐披上银霜，

我不禁为你的美色担忧，

你会迟早没入时间的荒凉。

——《十四行诗》第十二首

我对早开的**紫罗兰**颇有微词：

温柔贼，若非取我爱人气息，

你何处偷得奇香？殷红淡紫

在你那柔嫩之颊上抹出流韵，

全仗你用我爱人的血脉染成。

——《十四行诗》第九十九首

一

177

# 核桃（Walnut）

### 彼特鲁乔

简直像个蚌壳或是**核桃**壳，像玩具、
不值钱的玩意儿，只能给娃娃戴。

——《驯悍记》第四幕，第三场

### 福德

就让他们说我吧，"像福德那么爱吃醋的男人，
会在一枚**核桃**壳里找寻妻子的情人"。

——《温莎的风流娘儿们》第四幕，第二场

**核桃**　莎士比亚并没有在剧作中太多提到高大的核桃树，不过他多次提到了"坚果"（Nuts），核桃仁应该也被包括在内。他只提到了核桃壳较大（相对而言），可以当作玩具，或被比喻为藏身之地。不过核桃仁确实是当时一种很受欢迎的零食，还可以裹上糖做成糖衣坚果。

❖**冬梨**　见"梨"。

# 小麦 (Wheat)

麦茬（Stubble），参见"谷子"

### 埃瑞斯

生长着**小麦**、黑麦、大麦、野豌豆、燕麦和豌豆。

——《暴风雨》第四幕，第一场

### 巴萨尼奥

他的道理就像藏在两桶砻糠里的两粒**小麦**，

你必须费去整天工夫才能够把它们找到，

可是找到了它们以后，

你会觉得费这许多气力找它们出来，

是一点不值得的。

——《威尼斯商人》第一幕，第一场

### 哈姆雷特

因为和平的女神必须永远戴着她

**小麦**编织的荣冠。

——《哈姆雷特》第五幕，第二场

---

**小麦**　小麦是谷物女王。在莎士比亚时代，用纯小麦粉制成的面包是一种罕见的奢侈品。虽然大麦与黑麦都是小麦的近亲，但都被认为是更低档次的谷物。"Corn"是对这三种作物的统称，也泛指一切谷物。"Stubble"指的是收割之后的田地，主要是指小麦茬，但也包括其他谷物。小麦象征着丰产和大地的恩赐，佩戴小麦做成的花环意味着和平与富足。麦子出现青绿色代表着春天的到来，预示着丰收。(此页插图中的植物为两种野豌豆，参见174页"野豌豆"相关说明。——编者注)

### 台维

呃，老爷，那几张传票无法送达。

还有，老爷，

我们要不要在田边的空地上种些**小麦**？

### 夏禄

种些赤**小麦**吧，台维。

——《亨利四世》下篇，第五幕，第一场

### 潘达洛斯

一个人要吃面饼，

总得先等等**小麦**磨成面粉。

——《特洛伊罗斯与克瑞西达》第一幕，第一场

### 庞贝

还要把一些**小麦**送到罗马。

——《安东尼与克莉奥佩特拉》第二幕，第六场

### 海丽娜

你甜蜜的声音比**小麦**青青、

山楂吐蓓蕾的时节送入牧人耳中的云雀之歌还要动听。

——《仲夏夜之梦》第一幕，第一场

### 瑟修斯

这样，您的**麦**冠就不会被风雨摧折。

——《两贵亲》第一幕，第一场

### 爱德加

这就是那个叫作"弗力勃铁捷贝特"的恶魔，

他还会叫白**小麦**发霉，寻穷人们的开心。

——《李尔王》第三幕，第四场

### 西西涅斯

那时候你这一番话就等于

点在**麦茬**上的一把烈火，

那火焰可以使他的声名从此化为灰烬。

——《科里奥兰纳斯》第二幕，第一场

### 霍兹波

那时候来了一个衣冠楚楚的大臣，

打扮得十分整洁华丽，

像个新郎一般。

他下巴上的胡子新刮不久，

那样子就像收获季节的田亩里

留着一片割剩的**麦茬**。

——《亨利四世》上篇，第一幕，第三场

# 柳树（Willow)

或称 Osier

❖◆❖

### 纳森聂尔

昔日的种种思绪曾经如橡树，

今朝在你面前已化作依人的弱**柳**。

——《爱的徒劳》第四幕，第二场

### 劳伦斯

我必须把这**柳**条编织的筐里

装满有害的野草和能治病的花朵。

——《罗密欧与朱丽叶》第二幕，第三场

**柳树** 提到柳树，我们想到的那种常见的垂柳（Weeping Willow）实际上是 17 世纪才被引入英国的，不过这并没有阻止画家们为《哈姆雷特》绘制插图时，在可怜的奥菲利娅身边画上垂柳。奥菲利娅身边"低垂的柳枝"可能来自"爆竹柳"（Crack Willow），得此名是因为它的柳枝经常突然折断。欧蒿柳（Common Osier）的拉丁文名称是"Salix viminalis"，它的叶片略窄一些，但也可以像垂柳枝一样，用来编织柳条筐或者花环。佩戴柳叶花环（或者像苔丝狄蒙娜那样歌唱柳树）代表着感伤逝去的爱情。在英格兰"棕枝主日"的教堂活动中，柳条有时候会被用来代替棕榈枝。

### 苔丝狄蒙娜（唱）

可怜的她坐在悬铃木叶槭下啜泣，

歌唱那青青**杨柳**。

她手抚着胸膛，她低头靠膝，

唱**杨柳、杨柳、杨柳**。

清澈的流水吐出她的呻吟，

唱**杨柳、杨柳、杨柳**。

她的热泪溶化了顽石的心，

唱**杨柳、杨柳、杨柳**。

青青的**柳**枝编成一个翠环。

——《奥赛罗》第四幕，第三场

### 葛特鲁德

在小溪之旁，斜生着一株**杨柳**，

它灰白的枝叶倒映在明镜一样的水流之中。

在那儿，她用乌鸦花、荨麻、雏菊

与紫兰编织了一些绮丽的花圈。

粗野的牧童们曾给这些花取过些俗名，

但是，咱们的少女们却称它们为"死人之指"。

她爬上一根横垂的树枝，想要把她的花冠挂在上面。

——《哈姆雷特》第四幕，第七场

### 求婚者

然后她就一直唱着一句：

**杨柳、杨柳、杨柳**。

——《两贵亲》第四幕，第一场

### 薇奥拉

我要在您的门前

用**柳**枝筑成一所小屋。

——《第十二夜》第一幕，第五场

### 培尼狄克

来，您跟着我来吧。

### 克劳狄奥

到什么地方去？

### 培尼狄克

到最近的一棵**柳**树下，

伯爵，为了您自己的事。

——《无事生非》第二幕，第一场

虽然我仿佛言而无信，

我对你却永远是一片真心。

那一切，对我是不移的橡树，

对你却是柔软的**柳**枝。

——《爱情的礼赞》

❖ 忍冬 见"金银花"。

### 培尼狄克

我说我愿意陪着他到一株**柳树**下，

或者给他编一个花圈，表示被弃的哀思，

或者给他扎起一条藤鞭来，因为他有该打的理由。

——《无事生非》第二幕，第一场

### 艾米利娅

我要像天鹅一般在歌声中死去。

（唱）**杨柳、杨柳、杨柳**……

——《奥赛罗》第五幕，第二场

### 波那

告诉他，我料他不久要成为鳏夫，

我准备替他戴上**柳**冠。

——《亨利六世》下篇，第三幕，第三场

### 罗兰佐

正是在这样一个夜里，

狄多手里执着**柳枝**，

站在辽阔的海滨。

——《威尼斯商人》第五幕，第一场

### 西莉娅

从潺潺泉水边那列**柳树**

向右出发，便可以到那边去。

——《皆大欢喜》第四幕，第三场

# 苦蒿 / 苦艾（Wormwood）

狄安花（Dian's Bud）

### 奥布朗

回复你原来的本性，解去你眼前的幻景；

这一朵**狄安花**有神奇的魔力，

能让丘比特之花的功效消失。

——《仲夏夜之梦》第四幕，第一场

### 奶妈

因为我在那时候用

**艾**叶涂在乳头上，

坐在鸽棚下面晒着太阳……

可是我说的，她一尝到我乳头上的

**艾**叶的味道，

就觉得奶水变苦啦，哎哟，这可爱的小傻瓜！

——《罗密欧与朱丽叶》第一幕，第三场

你的隐秘的欢情，会化作袒露的羞耻；

你的私下的飨宴，会变成公开的禁食；

你的尊荣的称号，会沦为鄙陋的名字；

你的甜美的巧言，会苦似**艾**草的浆汁。

——《鲁克丽丝》

### 哈姆雷特

（在一边）**苦**恼，

**苦**恼！

——《哈姆雷特》第三幕，第二场

### 罗瑟琳

把这种**苦艾**般可厌的习气

从你的脑海之中彻底除去。

——《爱的徒劳》第五幕，第二场

**苦蒿 / 苦艾**　这种植物被视为艾蒿家族中的一切药草之母，与掌管怀孕的女神阿尔忒弥斯（也就是古罗马神话中的狄安娜）有关。它的苦味能帮助婴儿断奶，朱丽叶的奶妈也很粗俗地唠叨过这一点。盎格鲁－撒克逊的《治疗法》中提到了九种神圣药草，苦蒿是其中之一。它可以用来解毒菌的毒，也可以保护床上的织物不受蛾子和跳蚤的危害。奥布朗把它作为解相思病的良药，它也是苦艾酒的主要成分。

# 欧洲红豆杉 / 紫杉（Yew）

### 小丑（唱）

为我罩上白色的殓衾，铺满**紫杉**。

——《第十二夜》第二幕，第四场

### 斯克路普

即使受您恩施的贫民，

也学会了弯起他们的**杉木弓**反对您。

——《理查二世》第三幕，第二场

### 塔摩拉

他们告诉了我这样可怕的故事以后，

就对我说，他们要把我缚在一株阴森的**紫杉**上，

让我在这种恐怖之中死去。

——《泰特斯·安德洛尼克斯》，第二幕，第三场

### 帕里斯

你到那边的**紫杉树**底下直躺下来，

把你的耳朵贴着中空的地面。

地下挖了许多墓穴，土是松的，

要是有跟跄的脚步走到坟地上来，你准听得见。

——《罗密欧与朱丽叶》第五幕，第三场

### 鲍尔萨泽

当我在这株**紫杉树**底下睡过去的时候，

我梦见我的主人跟另外一个人打架，

那个人被我的主人杀了。

——《罗密欧与朱丽叶》第五幕，第三场

### 女巫丙

山羊胆，**紫杉枝**，

折断在月食之时。

——《麦克白》第四幕，第一场

**欧洲红豆杉 / 紫杉**　这种英国原产的树木一直以来都是哀悼的象征。它在莎士比亚的笔下出现了六次（加上并未明说的一次，或许一共出现了七次），都与死亡有关。它在舞台上出现，可能预示着有人要中毒，比如鲍尔萨泽和帕里斯在教堂的院子里提到紫杉树的时候，附近墓园里的罗密欧刚饮下毒药。它常绿的叶子有着致命的毒性，种子也有剧毒（但红色的假种皮无毒）。《哈姆雷特》中的毒药也很有可能是欧洲红豆杉。

# 尾注

1 在现代，"Ladie-smockes" 一般是草甸碎米荠的俗称，因此研究人员会指出植物颜色的错误。然而根据下文，诗中的这个词并非特指草甸碎米荠，故此处采用直译 "美人衫"。

2 莎士比亚原作中的乌头一般是指舟形乌头。

3 "Briers" 在一些莎剧译本中被译作 "野茨"，但野茨实际上是从日文引入的名词，指野生蔷薇，而 "Briers" 指的是荆棘。不过为了和后文的 "荆棘"（Thorns）词条加以区分，此处保留了 "野茨" 的翻译。

4 "Caper" 的正确译名为刺山柑，"续随子" 实为之前译本中的错译，但为了兼顾引文中的双关语，此处保留了这个译名。

5 中文里的康乃馨与香石竹是同一个物种，然而此处引文中，两者显然有所不同。不过作者并没有具体指出它们的差别。根据不同来源的资料，这里的 "香石竹" 可能是康乃馨的单瓣野生型。

6 此处指欧洲甜樱桃（Cerasus avium），而非中国原产的樱桃。

7 此处指欧洲栗（Castanea sativa）。

8 "Columbine" 的正确译名为耧斗菜，但考虑到引文的顺畅与文学性，保留了 "耧斗花" 这一翻译。

9 在莎士比亚的原文和作者的解释中，"Cork" 应指西班牙栓皮栎（Quercus suber），但本页插图展示的是黄檗属植物。黄檗的树皮与西班牙栓皮栎类似，因而常常被称为 "Cork Tree"。

10 "Cowslip" 在一些文学作品中也被译为莲香花，但正式的译名应为黄花九轮草。

11 "Currants" 正式的中文名称为红茶藨子。

12 莎剧中的柏树为地中海柏木（Cupressus sempervirens），和中国常见的侧柏、圆柏不同属。

13 莎剧中的接骨木指西洋接骨木（Sambucus nigra），而非中国原产的接骨木。

14 根据作者的注解，莎剧中的榆树应为欧洲白榆（Ulmus laevis），而非其他榆属物种。

15 此处指单柱山楂（Crataegus monogyna），与中国原产的山楂不同。

16 此处的榛属植物为欧榛（Corylus avellana），与中国的榛不同。

17 此页插图中的植物为帚石南（Calluna vulgaris）。

18 此处指枸骨叶冬青 / 欧洲冬青（Llex aquifolium）。

19 此处的 "Honeysuckle" 及插图中植物应为香忍冬（Lonicera periclymenum），一些译本写作 "金银花"，考虑到引文的文学性，此处保留了这个译名。

20 此处指洋常春藤（Hedera helix），与中国的常春藤不同。

21 此处及作者注解中的"Line"、"Lime"和"Linden"都指椴属植物,"菩提树"为莎剧译本中对椴树的错误翻译,但根据作者注解,这种树究竟是什么还有待研究,因此这里保留了这一译名。

22 此处指白果槲寄生(Viscum album),而非中国分布的物种。

23 根据插图,此处的"Moss"应为泛指,包括石松、苔藓和地衣。

24 此处指油橄榄或木橄榄,与中国原产的橄榄不同。

25 此处的"Palm"可能指的是椰枣树(Date Palm),而非原产中国的棕榈。

26 此处指西洋梨(Pyrus communis),而非中国的梨属物种。

27 虽然"Rose"在莎士比亚的作品中经常被翻译为"玫瑰",但它一般指的是英国野生的蔷薇属植物,翻译成"蔷薇"更合适,而玫瑰是蔷薇属另外的物种。不过文学作品中的玫瑰已经与植物学中的玫瑰有了不同的含义,是蔷薇属植物的统称,故此处保留了"玫瑰"的译名。

28 此处指欧洲原产的林地草莓(Fragaria vesca),不是现在流行的食用物种。

29 欧洲栽培食用的百里香多为欧百里香(Thymus vulgaris),莎剧中单独称呼时多指这一物种。

30 "紫罗兰"为"Violet"一词的历史误译,后者是堇菜植物的泛指,但考虑到莎剧台词的文学性,这里保留了"紫罗兰"的翻译。

# 后记一

———— ◆•◆ ————

## 格瑞特·奎利

首先，我非常感谢长谷川纯枝为本书绘制的这些优雅而令人回味的插图，它们让我意识到，亲眼看到这些植物的样貌，不仅对我们极有助益，也是独一无二的体验。我感谢她的好奇心，这种好奇心让她对莎剧中的植物痴迷不已。（我懂这种感觉！）感谢她的丈夫弗莱德·柯林斯的帮助，是他引导她走上了园艺的道路。我还要感谢他们对我的信任，让我借本书搭建起一座棚架，使这些植物繁茂生长。感谢我们共同的朋友大卫·塔巴斯基，是他的创意促成了我们的合作。我会永远感谢斯黛西·普林斯，特别是她高超的编辑洞察力，也是她，为我介绍了聪慧而富有耐心的经纪人科琳·奥西拉，以及热情而通达的天才编辑贝卡·亨特。

我敬重那些孜孜不倦、深入钻研而不计回报的先辈，让我们这些后辈能够四处捡拾他们栽种的果实，但他们的努力往往没有得到足够的重视。所以我想特别感谢简·劳森，她几十年来对于伊丽莎白一世礼物档案的研究为本书增添了很多趣味及色彩。感谢罗斯·巴伯在论文发表前就慷慨地与我分享她对蜜杆和华威郡地方口音的见解。感谢埃迪·乔利对《哈姆雷特》的深入挖掘。感谢研究徽标的作家霍华德·里奇勒。感谢迈克尔·马尔克斯帮我找到台词及诗句引文。感谢茱莉亚·克里夫对玫瑰的研究。感谢多娜·比利愿意在我的瓶颈期，陪我将书稿去芜存菁。感谢布里德·麦克格拉斯博士方方面面的帮助。感谢约翰·罗莱特博士生前与我多次讨论园艺。

研究机构都由出色的人才组成，我能够得到下述各位的帮助，是我的荣幸：革新俱乐部的图书管理员西蒙·布伦戴尔、伦敦自然历史博物馆的马克·斯宾塞博士、伦敦林奈学会热情的工作人员、伦敦古文物学会的奥图恩·佩恩、哥伦比亚大学巴特勒图书馆的詹妮弗·李、大英图书馆善本室的华莱士等等，还有福尔杰莎士比亚图书馆所有优秀的员工，特别是欧文·威廉姆斯、贝茜·沃什、卡米尔·希拉坦、阿兰·卡兹，以及园艺学讲师马尔雅·菲茨杰拉德——他们或许不知道自己曾给了我多大的帮助。

　　感谢我了不起的团队：布朗恩·贝瑞、梅根·库珀、摩根·米洛格，感谢他们帮助我整理成千上万个细节，并在办公室的整面墙壁上装饰了植物马赛克。我还要深深感谢安德鲁·法兰奇、大卫·柯尔·韦勒、尼尔·马丁付出的宝贵时间，以及为本书慷慨提供的资料和专业知识帮助。感谢珍·柯尔与我交流关于野草的问题，还要特别感谢瑞贝卡·韦伯·丝萝，她显然常常陪我一起熬到深夜。

　　最后，引用我最爱的普鲁斯特的一句话，向可爱的园丁们致敬：感谢他们"让我们的灵魂得到盛放"（至少让我的灵魂得到盛放）。除了上述提到的很多人外，他们还包括马蒂·易特纳、基斯·伯尔那、丽萨·阿尔贝蒂、布兰登·尤代尔、帕西公司的员工、彼得·贾德、西奥多·美伦德兹、凯特·科妮基斯、卡特里娜·弗格森、南希·琼斯和西蒙·琼斯，还有盖尔·科尔森、沙瑞·霍夫曼、谢丽·安德森、约翰·奥古斯汀和克里斯托弗·杜朗。

　　此外，还要感谢2015年斯宾塞研讨会带来的惊喜。那年的研讨会在爱尔兰举办，当时我踏遍了那里的荒野，想寻找埃德蒙·斯宾塞城堡的遗迹，突然发现那片草地上到处都是本书中提到的各种植物！甚至还包括刺人的荨麻。调查研究的艰辛给了我魂穿莎士比亚时代的美妙体验。

# 后记二

———————✦———————

## 长谷川纯枝 - 柯林斯

　　我最初的梦想就是把莎士比亚剧作中的植物全都绘制出来。我想要感谢"邦德街剧院联盟"，它们的戏剧作品是我最初的灵感来源。我非常感谢我大学时代的朋友内田慎二的热情支持和专业帮助。我要给西蒙·欧莱利一个大大的拥抱，感谢他在我多次前往伦敦时为我提供住宿。感谢我的丈夫弗莱德为本书命名。感谢我们的好友和同事大卫·塔巴斯基，他推动了这本书的出版，把我介绍给了格瑞特·奎利、科琳·奥西拉以及哈珀柯林斯出版集团的员工，让我终于实现了梦想。我非常感谢他们每一个人的帮助。我很享受绘制这些插图的过程，希望也能带给你们观看的享受。